弗雷·奥托与博多·拉希
Frei Otto, Bodo Rasch

找 形

——走向极少建筑

Finding Form :

Towards an Architecture of the Minimal

弗 雷·奥 托
[德]博 多·拉 希 著
扎比内·尚 茨
任 浩 译

中国建筑工业出版社

著作权合同登记图字：01-2020-4883 号

图书在版编目（CIP）数据

找形：走向极少建筑 /（德）弗雷·奥托，（德）博多·拉希，（德）扎比内·尚茨著；任浩译 .—北京：中国建筑工业出版社，2020.1

书名原文：Finding Form：Towards an Architecture of the Minimal

ISBN 978-7-112-24608-3

Ⅰ.①找… Ⅱ.①弗… ②博… ③扎… ④任… Ⅲ.①建筑结构—结构设计 Ⅳ.①TU318

中国版本图书馆CIP数据核字（2020）第025956号

责任编辑：戚琳琳　段　宁
责任校对：王　烨

找　形

——走向极少建筑

Finding Form: Towards an Architecture of the Minimal

弗　雷·奥　托
[德] 博　多·拉　希　著
扎比内·尚　茨
任　浩　译

*

中国建筑工业出版社出版、发行（北京海淀三里河路9号）
各地新华书店、建筑书店经销
北京点击世代文化传媒有限公司制版
天津图文方嘉印刷有限公司印刷

*

开本：889 毫米 × 1194 毫米　1/16　印张：15　字数：231 千字
2021年1月第一版　2021年1月第一次印刷
定价：159.00 元
ISBN 978-7-112-24608-3
（35085）

目　录

德意志制造联盟巴伐利亚分部（The Deutscher Werkbund Bayern）将制造联盟一等奖授予弗雷·奥托，并要求他提名一位值得推荐的人士，作为下一届得奖者。弗雷·奥托选择了博多·拉希。

展览“找形（德语 Gestalt Finden，即英文 Finding Form），德意志制造联盟为弗雷·奥托而展，弗雷·奥托为博多·拉希而展”即由这一奖项而来。

1992 年 5 月 21 日，在慕尼黑施图克别墅（Villa Stuck）举办了展览的开幕式，同时进行了授奖仪式。

展览呈现了科学的基本原则、工作方法以及弗雷·奥托和博多·拉希工作中的众多实例。展览陈列了超过 150 个研究和规划阶段的模型，其中既有建成的作品，也有并未建造的方案。展品根据结构原理进行分类，就像建筑形式一直按照结构特点进行划分一样。

帐篷结构、网状结构、可折叠结构和悬挑屋顶、充气结构、悬挂形式的可逆壳（shells–reversible）穹顶、网壳（lattice shell）和枝形结构（bifurcated construction）。

模型和较为简单的小型实验装置呈现了物质自成形的过程。它们展现了帐篷、绳索结构、壳拱（shells arches）、穹顶、拱顶、可折叠屋顶、枝形结构和空间构架（space frame）等。

弗雷·奥托在斯图加特大学教授的课程是政府研究项目“自然结构”的一部分，其内容是他对多年来基础研究的深刻理解，试图通过阐释自然来检验他们的结构。

展览资料来源：弗雷·奥托 Warmbronn 工作室、斯图加特大学轻型结构研究所（Institut für Leichte Flächentragwerke der Universität Stuttgart）、莱恩费尔登（Leinfelden）博多·拉希建筑工作室、沙特阿拉伯吉达本拉登集团（Saudi Binladin Group, Jeddah, Saudi Arabia,）、法兰克福德国建筑博物馆（Deutsches Architekturmuseum Frankfurt）、莱恩费尔登 SL 轻型结构研究所（SL–Sonderkonstruktionen und Leichtbau Gmbh, Leifelden）。

展览筹备：

克里斯托夫·布卢多恩（Christof Blühdorn）、萨宾·尚茨（Sabine Schanz）、弗雷·奥托工作室的英格丽·奥托（Ingrid Otto）和迪特玛尔（Dietmar Otto）、博多·拉希工作室的赖纳·霍尔茨阿普费尔（Rainer Holzapfel）、约亨·辛德勒（Jochen Schindler）、雅各布·弗里克（Jakob Frick）、曼弗雷德·施密德（Manfred Schmid）、安德里亚斯·斯蒂芬（Andreas Stephan）、汉斯·诺伯（Hans Nopper）、埃伯哈德·费尔格（Eberhard Felger）、约亨·普拉斯（Jochen Plass）。

展览系统来自弗雷·奥托为 1981 年莫斯科“自然结构”展所做的设计。

关于“Atelier Warmbronn”字体

ABCDEFGHIJKLMNOPQRSTUVWXYZ
abcdefghijklmnopqrstuvwxyz / 0123456789

“Atelier Warmbronn”字体由弗雷·奥托于 1950 年设计，1952 年开始他将此字体确定为工作室使用的字体，所有的图纸都是用刻蜡纸铁笔或墨水钢笔完成。这种字体不是非常固定，也适用于各类广泛的用途，例如弗雷·奥托曾在 1956 年将其用于墓志铭，1984 年还用在一本书的封面上。

为满足内部使用需要，1978 年工作室制作了两套 Atelier Warmbronn 字体的模板，其中一套字高为 3mm，另一套为 6.5mm。经过若干年的使用，1985 年，他们又制作了一套便于印刷的变体字母，供书籍和杂志之用，但至今尚未公开过。

1987 年，迪特马尔·奥托（弗雷·奥托的女儿）对这一字体进行了改造，以适于电脑使用。1992 年，经过进一步改进和矢量化处理，将这一设计注册为“Warmbronn 1992”字体。本书英文版即采用本字体。

中文版序　弗雷·奥托的自然结构

李兴钢

我曾数次参观弗雷·奥托的经典作品：慕尼黑奥林匹克体育场（1972 年建成）。最早的一次是 20 多年前在法国学习期间去慕尼黑作建筑旅行，后来因北京 2008 奥运会及 2022 冬奥会工程需要进行建筑膜结构考察又分别去过几次。当代膜结构材料已经发展到很高的水平，在当时我的印象中，奥托这个 20 世纪 60 年代末 70 年代初的作品显得过气（这是我的认知局限，其实网状结构可视为膜结构的发展和提升，可以获得更大的跨度，并可实现快速预制拼装，更具当代价值和意义），并有些我不很喜欢的技术化特征，反倒是感觉这群建筑在公园的场地中对自然地形的利用和塑造很有特色，不愧为经典。2012 年，弗雷·奥托在去世之际收获普利茨克奖，将他拉回到当代建筑界的聚光灯下，但似乎也并未获得巨大的共鸣和反响。然而，这次受邀写序并有机会阅读任浩翻译的他与博多·拉希的著作《找形》，则令我彻底改变对奥托及其作品的印象和认识，并产生深深的震撼和共鸣。

1992 年 5 月 21 日，弗雷·奥托被授予德意志制造联盟奖，颁奖仪式后开幕的慕尼黑施图克别墅（Villa Stuck）展览中陈列了超过 150 个研究和设计模型，对比书中收录的这些以模型和实验方法进行“自找形设计”的大量作品，奥托的建成作品其实仅是其中的极少数，即使只有如此少量建成，也均已成为经典。这些研究设计作品中包括生成最小表面的肥皂泡、充气有机材料薄片或薄膜、悬链绳网模型、倒置悬挂链网壳体、砂堆漏斗、倾斜旋转稳定性测试、最佳路径系统观测、区域占据实验等多种实验方法，呈现出建筑设计找形研究的多种可能性：帐篷结构、网状结构、充气结构、悬挂结构、拱 / 穹 / 壳体结构、枝形结构、能源和环境技术结构、折叠结构、伞式结构等，如此丰富多彩，令人眼界大开：它们既是精彩而合理的结构，又创造出情理之中、意料之外的形式，同时又是大胆而前卫的发明。

从中，我窥到他之后的很多“后浪”建筑师著名建筑作品中受他影响甚至直接移用的影子。还有若干个让我印象深刻的案例，诸如，萨洛姆湾伊丽莎白二世庆典帐篷（1981 年）、利雅得外交官俱乐部（1988 年建成）、蒙特利尔博览会德国馆（1967 年建成）、斯图加特轻型结构研究所（1964 年）、慕尼黑海尔布隆动物园鸟舍（1980 年建成）、三个充气支撑穹顶的工厂（1958 年）、内设排水系统的充气大厅（1962 年）、"南极洲城市"研究项目保护居住小镇免受气候影响跨度 2km 充气大厅（1971 年）、加拿大"58° 以北"北部城镇覆盖透明薄膜屋顶、气鱼 1 号 /2 号充气飞艇及气鱼 3 号飞行宾馆（1982 年）、乌尔姆医学院及高等专科学院、曼海姆网壳（1971 年）、1992 年赛维利亚世界博览会德国馆竞赛方案、德国磁悬浮火车系统轨道（1991 年）、索网支撑的膜结构水坝（1962 年）、水塔和悬挂弹性容器（1962 年）、有害废弃物堆放场 500m 跨度移动式绳网膜穹顶（1962 年）、卢森堡维尔茨露天剧场 1200 平方米折叠屋顶（1988 年）等，这些案例即使在数字设计及建造技术和科学及审美潮流已如此发达的当代，也具有深刻的启发性、预言性和超前感。博多·拉希作为奥托的学生和合作者，延续和发展了奥托的工作和思想，作为一个虔诚的伊斯兰信徒，在伞状结构领域（为麦加和麦地那圣所设计）做出了令人尊敬的成果。

这些精彩的结构和形式，都是基于一种对于生物自然和非生物自然中形式生成过程的深刻认识。奥托认为，宇宙中所有的物质实体（包括自然的物体和人造的物体）都是结构，"结构意味着将物体放到一起并建造起来"。物体通过成形过程获得自己的形式，形式来自于所有的自然范畴，包括非生命自然和有生命自然，生命自然的成形，"使用"了很多非生命自然的元素和自成形过程；人类作为生物自然中动物的最高等种类，利用工具和其他物体作为身体的延伸，并发展出技术和艺术手段来制造更多的工具，优化并满足自己的需求。

但是，人类在支配技术和艺术手段发展出无穷无尽的新物体对自然进行加工并"改造自然"的过程中时，产生了"不自然"甚至"反自然"的现象，让人类与自然愈加疏远。用奥托的话讲，人类盖了太多的房子，侵占空间、土地、物质和能源，"不知道自己正在摧毁自己的世界"。奥托不断提到"人工与自然""人造自然"，他追问，作为建筑师，如何系统地了解建筑和自然之间的连接究竟哪里？他希望，建筑师能够为人类居住之地建立新的与地球表面生态系统相融合的建筑，一种全新的、根植于事物中的自然而然进行研究（和设计）的建筑，那将是“在人类指导下自成形、自优化的建筑”。在此，生物学家的工作提供了很大的启示，他们致力于人类结构和生物界结构自然属性的研究，发现所有的生命体都是恰当地遵从某种形式原则，由某种单一结构组成。因此，奥托提出了“自成形”（Self-formation）和“自然结构”（Natural Constructions）的理念，并采用“反向路径”的方式，观察结构产生的过程，试图对两种自然中形式的形成进行研究、实验、设计，以产生出上述的诸多成果，体现了一种对自然、技术和艺术的新的理解。

“自然结构”，是奥托思想和设计的核心。自然物体是自然的结构，是自成形过程的结果。人类既可以模仿自然过程，也可以制造人工物体。设计者需要寻找的是能够清晰呈现物体产生过程的、具有本质特征的结构，是那些“不可改进的事物”，是真正的“经典”。

技术作为人类的工具，不过是自然事物的产物，而并非用以对抗自然的手段。那些自成形过程达到较高水平的技术对象，将成为奥托心中向往的“自然和人工的天然连接”。艺术物体是人造物，是人工的产物，但最终也是自然过程的结果，自然之物是艺术的来源，艺术最终也将变成自然——弗雷·奥托希望最终将建筑营造为自然或自然的一部分。在生态环境恶劣的背景下，建筑师应联合生物学家、工程科学家、协同学家、人类学家，乃至艺术家和政治家等所有关心自然和人类的人士共同工作。为了人类的现在和未来，要创造生态系统城市、生态建筑、体量最小、更轻、更节能、可移动性和适应性更强的，也就是更自然的建筑，真正的“极少建筑”。因此，奥托被誉为是“一个推动不同学科的发展、建造适于人类生活的建筑的建筑师，一位训练有素、知识深厚、探索真理、洞察社会和政治的专业人士。”他的为人、观念、工作和研究设计成果，都值得建筑领域乃至建筑领域之外的社会、教育、专业和职业等相关各界人士深深省思。

戈尔德·普法芬洛特（Gerd Pfafferodt）在授予奥托德意志制造联盟奖颁奖礼致辞中有言，“得体的结构具有自己的尊严，就像人类能够直立并俯瞰大地后意识到人类的尊严。”弗雷·奥托创造了无数令人敬仰的“得体结构”，他是一位技术发明家，卓越工程师，前卫建筑师，形式创造者，艺术家，哲学家，自然和生态环境主义者，也是永不过时、可以不断引发我们深刻思考的导师。

颁奖词

阿德尔海德·格莱芬·施波恩（Adelheid Gräfin Schönborn）

我认为，想象力和它神奇的能量比知识更有力量，同样独特的是人的希望，它比经验更有价值。

弗雷·奥托向我们展示了想象的方法，这种想象是建立在知识基础上的。他拥有梦想的自由，拥有打破旧有思维和已证事实的自由。德意志制造联盟在此尝试提供一个舞台，展示他漫长而又坎坷的探索之路。对于来自整个德语区制造联盟的成员而言，大家都有这样经过分析的想象、梦想和希望，也通过这套方法表达出自己思想的现状。我们选择用这一方式将德意志制造联盟奖颁给弗雷·奥托。可能下一位得奖者会采用完全不同的方式。

德意志制造联盟通过授予弗雷·奥托“德意志制造联盟奖”表达了对奥托的尊重，我认为弗雷·奥托也通过把这个奖传递给博多·拉希表达了对拉希的尊重。

关于制造联盟奖，关于弗雷·奥托

戈尔德·普法芬洛特

我想用一些观察的结果表明为什么会选择弗雷·奥托以及博多·拉希作为获奖者背后的想法。这些观察有些具有普遍性，有些则是个人化的。

今天，是德意志制造联盟巴伐利亚分部第一次颁发德意志制造联盟奖。我们发给50位制造联盟的成员每人一个空白笔记本，让他们为弗雷·奥托留言。这些笔记本就是他的奖品。

选择弗雷·奥托，制造联盟是选择把奖授予了一个认识到自己政治责任的人，一个推动不同学科的发展，建造适于人类生活的建筑的建筑师。很多同行都骄傲地宣称弗雷·奥托是他们的导师。从我在制造联盟的经验来看，没有什么比让一个有着高度完善信念的人佩服同行的理念更难的事了。制造联盟里的同行把他们的信任给予这位获奖者，并请他把奖项授予下一个他认为值得关注的人。弗雷·奥托于是选择了博多·拉希。

展览试图关注奥托长期而富有特殊性的工作过程。这就是为什么展览名为“找形”的原因。语言暗示了行为：寻找形式。一个人能找到他看不到的东西吗？他能抓住那些根本不知道的东西吗？词语暗示着经历的过程。它们是相同的。

“关于弗雷·奥托”为我们提供了关于奥托这个人的感受。发表的个人感受各有不同，而颁发奖项时，其实还有很多未能公开的感受，蕴含着更多的东西。人们在颁奖典礼上可能不会想到，产生这一荣耀需要坚实的基础，需要人际关系、爱好、思考和变革等种种因素。一个头衔，更确切地说是一个恰当的奖项，唤起了我们对这位训练有素、知识深厚、探索真理、洞察社会和政治的专业人士的注意。选择弗雷·奥托，德意志制造联盟不是要掩盖自己的不确定性，而是要更为明确地成为公共讨论的论坛。联盟希望让理念平易近人，促成大家理解各方的重要观点，最重要的是，它希望大量的社会团体能持续进行理念交流。这一目标不能阻止制造联盟一次次表现出不确定的形式。所以很多人希望今天这个奖能像给它身上扎根刺一样，刺激它表达出自己的想法。海寇斯伯格（Hackelsberger）这样描述："德意志制造联盟的作用是介入。它的介入有助于实现日常生活的人性化，不仅为了个体的自由和尊严，为了群体的保护和进步，同时也为了特定的情境。它不是开拓事业，而是提供争论的平台，争论的目的是追寻理想，这一点从未有人超越。"出于这一原因，其中总是充满争执而非赞歌。

在最初阶段，思想是自由的。而到了某个时刻，它就会随着自己的运动而形成一定的方向。打破这一状态需要付出努力，但获得成功的时候又如此令人欣喜，是我们真正可以称为"欢乐"的时刻。当然，实现这一状态的先决条件，是既要全面掌握多个学科，又要乐于保持好奇，拥有清晰的认知、开放而活跃的思想。

建筑师建造自己的房子，他的头衔和他的工作是相关的。建筑师能允许自己绕开目标吗？他确定一个目标就意味着放弃其他吗？一个坚持自己头衔的人必须看到自己的计划得到实现吗？

你是否了解那种因为想到一些很遥远，以至于从未发生过的事情而产生的狂喜状态？思考的质量在发生变化。标准正在改变。了解，变得比产生更为重要。了解，也意味着要接受为什么有些事情不能实现。因此能够预测到将产生什么样的形式。从某种角度讲，这种思考接近于冥想的状态，从一种念头跳到另一种念头，会让人变得极其聪明，但这需要经过专门的积累。

"严格意义上说，所有的物质实体都是自然界的结构。"——"结构意味着把物体放在一起，就会形成物体。""所有被放在一起的东西都会死亡。用不断工作来拯救自己。"

上面的第一句话是弗雷·奥托说的，第二句是佛祖的偈语。我不是要强行让这些话产生联系。我把它们放在一起，让我们去理解自己实际上就是物质的集合，是变化非常多的微粒的短暂集合。是的，这样的总结很清楚。我们的感受不也正是如此吗？

我们可以反复检验理论，得到确信。"所有的自然物体都是理想的"，这看起来是不是像美丽的误会？但如果说"自然是有破坏力的，就像我们人类一样”，是不是又显得太过真实，充满讽刺？这两种观点都有些偏颇，倾向性过强，会加深偏见，造成错误影响。

“荣誉这个词，是什么？”莎士比亚笔下的约翰·法斯塔夫爵士（Sir John Falstaff）可没有一点荣誉感。他抛弃了自己的荣誉，在他眼里，这不过就是个词，而一个词不过和空气一样，什么都不是。莎士比亚是公正的，仍然让这家伙具有精气神、聪明劲儿和厚颜无耻的个性，这让他变成了一个招人喜欢的角色。让一个缺乏道德的人这么迷人，明智吗？在法斯塔夫之前和之后，都有同样缺乏荣誉感的人。很多人在认识到这个世界正在系统性地消除荣誉时，都会大吃一惊。看上去，没有荣誉感的人一定会践踏荣誉的理念。他们用亲切来弥补这一损失。我曾经在毛特纳（Mauthner）发现过这种想法，而且由于法斯塔夫的原因，至今难忘。

着手筹备本次颁奖后，我开始逐渐熟悉弗雷·奥托的作品，看到他身上有一种完全不同的光芒——由此，我对荣誉的理念有了更清晰的了解。本次展览中那些精致的模型不是仓促而就的，它们增一分则多，减一分则少，能够让人如同置身美丽的幻境。得体的结构具有自己的尊严，就像人类能够直立并俯瞰大地后意识到人类的尊严。这种感觉是真实的。这也是我从弗雷·奥托的画中感受到的。他的正直使得他能够广泛地观察自然的多样，尊重发展，并使之成为他创造力的来源。

随着我们日渐熟悉，我迫切地希望知道，奥托的结构为什么是这个样子。博多·拉希说，弗雷是德国唯一不需要为自己的结构寻找理论基础的建筑师，他用自己的生活证明他的设计。不单是因为选取了自然界的结构原理。直到今天，仍有人说蒙特利尔的屋顶（指蒙特利尔世博会德国馆——译者注）是对蜘蛛网的拷贝，但是在建成之前，施工者并没有看到这种类比。直到屋顶建成，他们才认识到这像是蜘蛛网。形式是事先决定的。有人会在知道一件事之前感受到它吗？最后，我不再感到惊讶了，因为我看到了那么多的案例——那些不可能建造、未被建造或是以不常见的方式建造的结构，那些奇特的实验和意想不到的解决方法，那些辉煌的成功、多样的活动和对简单化的追寻——都在这里得到了呈现。人类的梦想总是靠自我提升来滋养的。弗雷·奥托是一个飞行员。

他有时让我觉得像一只鸟。但他是一位不会自作主张的指挥者。

尽管博多·拉希跟随弗雷·奥托学习，但奥托并没有把自己当成一个老师。博多·拉希承袭他的理论进行工作，并在其他文化中进行实践，既致力于寻找新的线索，也尝试了奥托尚未研究的空间构件。

如果说在向某人颁发奖项之前，对他的工作有所了解是一条基本要求，那么在这里我们就充分地实现了这一点。两个明显在寻找对方的人终于找到了彼此。

童话般的获奖应该是这样的：一件英雄般的事迹，得到了公主的芳心、体面的工作，还有一根“袋子里的棍子”（cudgel in the sack，来源于《格林童话》中《桌子、金驴和棍子》的典故——译者注）。这种巨大的喜悦也会给真实的颁奖增加挑战，需要更多地表现获奖者。获奖，就像是当上了国王。在这种背景产生的颁奖活动，会让我们觉得夸大其辞，会让我们感到自己的基本判断受到影响。因为今天露脸的人不一定到明天还能保持不变，更别提到了后天，他可能就完全不是现在这副模样了。职业生涯需要一定的弹性，也需要前后一致的品质。这样的职业生产出来的都是疲倦的面孔，没有留下痕迹的人生。没有人生会把公众地位、永恒看得比人生本身还重要。我们需要蓝调歌手和讲故事的人，他们鲜活的面孔总是表现出他们对精彩经历的真挚之情。

我们能明白我们是怎么互相愚弄的吗？谁知道谁是愚蠢的或是被看作愚蠢的？谁又是对谁欺瞒一切的？专家、政治家、党派、委员会等，都可以在“关于弗雷·奥托”中找到线索。

找形——走向极少建筑

弗雷·奥托，博多·拉希

原始的建筑是一种必需的建筑，不管用的是什么材料——石头、泥土、芦苇、木头还是动物的皮毛，没有东西是多余的。尽管条件极度贫乏，原始建筑还是能盖得非常漂亮，从伦理上看，也是非常好的建筑。极少限度下的原始建筑，既是结构物，也是装饰物，必要的装饰也都显得合情合理。

好的建筑，比漂亮的建筑更重要。漂亮的建筑不一定是好的，而理想的建筑不论从伦理角度还是美观角度看都应该是好的。能够同时实现这两方面的建筑其实非常少，需要保存下去。

我们盖了太多的房子，我们侵占了空间、土地、物质和能源。

我们摧毁自然和文化。建造是力的运动，即便我们本意不是这样，但我们别无他法。建筑和自然之间的差异正变得越来越大。

过多的房屋变得没有用处，但我们还需要有更多的新建筑，从南极到北极，从寒冷到炎热，我们需要可移动的建筑，也需要不可移动的建筑。

人类现在的定居地已经成为一种新的生态系统，无论在炎热还是寒冷地区，技术都是其中不可或缺的因素。成千上万种动植物在这一系统中以新的方式与人类共存。其中占主导地位的物种是智人。

然而，我们在过去的人类纪元中建造的建筑是非自然的。我们的时代需要更轻、更节能、可移动性和可适应性更强的，也就是说更自然的建筑，而不是忽视对人身安全和社会安全需求的建筑。

遵循这一逻辑，我们需要进一步发展轻型结构，建造帐篷、壳体和充气膜等结构，并且能够增加新的可移动性和可变性。我们可以重新理解自然，在某种意义上，自然是一种高效的（也即经典的）造型方式，它统一了美学和伦理观念的需求。我们据此来认识建筑和居所的特性。

为了解决今天的问题，我们需要建立新的与地球表面生态系统相融合的建筑，因为这里正是人类所居住的地方。这一找形方式应是新的、和平的、自成型的，应用所有科学学科之洞见，所有的障碍确实都已消除。房屋和道路已经在地球表面形成了一层硬壳，改变这一现状也许是采取这些方式的成果之一。

很多人希望新的极少建筑能促使平和的共同栖居，使社会的自我调节过程成为可能。这一期望的先决条件已经到位了，居住其中的人们将会重新设计住宅、房屋和栖息地，使之有益于自然和人类自身。但是到目前为止，建筑仍然是由力量驱动的器具。

明天的建筑将重归极少建筑，那将是一种在人类指导下自成型、自优化的建筑。对于未来密集而又和平地居住在地表的人类来说，这将是他们的生态系统发展的一个组成部分。这种建筑尊重传统智慧，生物的和非生物自然的多样性。本次展览试图对这一远大目标提供某些建议，希望人们关注到它的影响。我们要呈现的是发展过程，而非最终完美的状态。展览提供的工作资料尚未达到完成状态，仅仅是在我们的工作方式框架下进行找形的基础和方法。这种方法可能在某些时候能形成一种极少建筑，也可能是仅是实现极少建筑的众多方法之一。

自然结构，未来构想

结构意味着将物体放到一起并建造起来。所有的物质实体都是结构。它们都由各部分和元素构成。这适用于整个宇宙，包括自然的物体和人造的物体。形成它们的过程，就是把这些东西放到一起组成结构，过程带来了变化。世界上存在着无穷的物体。无穷的物体产生出来，再又消失。

对于我们而言，自然构筑物不仅仅是无穷无尽不同类型的物体。我们需要找的是那些能够清晰呈现物体产生过程的结构。我们需要找的是本质特征。甚至对于那些不可改进的事物呈现出来，我们也可以称之为“经典”。

技术是人类的工具，人们总是认为他能利用反自然的科技对抗自然，然而他还是会明白，技术不过是自然事物的产物，而人也不过是自然的一部分。他不过是让技术能够对自己有点用处而已。到了现在，他才认识到自己是在扰乱、摧残和破坏自然母亲。他日益注重寻找方法来保护她。他试图变成自然的一部分，变成整体的一部分。他的方法仍然是利用能与自然和谐相处的技术。

我们的研究团队试图观察结构产生的过程来认识整体。这个整体，也就是共同存在，以及众多事物相互依存的状况。

研究：

从一开始，建筑师，结构工程师和生物学家就为这一研究课题而共同工作，随后哲学家和历史学家也加入其中，最后则是物理学家和协同学家（synergeticist），使得这项“联邦研究项目 230”成为世界上跨学科研究程度最广的团队之一。物体自成型（self-formation）的过程是我们最新的研究课题。

以往，人们认为世界变得越来越混沌，自然变得没有秩序。我们的疑问是：是否存在持久的、包罗万象的混沌？混沌不是自然最终获得秩序的过程中必不可少的吗?

处于中间阶段的混沌状态是自然的。局部的灾变产生局部的混沌。由此才能产生新的可能。如果很多物质实体都始终如初，换句话说就是没有人的干扰，就算是自然的。

所有的物质，自然物体的形成都需要过程，可以通过物体的形态了解到其形成的过程。在某些情况下，很多过程及其结果与材料无关。通常，尽管使用不同的材料，同样的过程也会产生类似的物体。例如，不管天体由什么物质材料组成，通常都表现为逐渐变大的球体。

人工—自然:

人造物是根据我们对语言的使用而产生的人工物件，艺术却并非如此。人工物件也有自然的成分。当人们为制造和设计技术对象，而促使对象自身发生自成形的物理过程时，就更是如此。

自成形过程达到较高水平的技术对象，成为自然和人工之间的天然界限。艺术物体是人造的，因此也是人工产物。类似于所有纯粹的技术对象，艺术对象也会变成自然过程的结果。

在我们所生活的时代，人造以及艺术的范畴迅猛地扩展着。一方面，艺术比以往任何时候都更为人工化，但在另一方面，也是更为自然化了。随后，艺术就变成了自然。

人造自然:

当前出现了一种人造自然（made-up nature）。人们努力按照给自己化妆的样子塑造自然，谈起人造自然比谈真实自然更容易。

我们寻找真实、自然的对象，通过观看和触摸确定我们已经抓住它了。我们所感知的是象征意向（symbolic image）。然后这些意向又帮助我们做进一步的观察，成为来自我们生命的意向，来自我们宇宙的意向，让我们看到它们，衡量它们，触摸它们。只有我们自己抓住的意向才能接近真相。语言则是迟钝的、不准确的。

我们希望同时抓住宏观世界和微观世界的对象。在大多数情况下，不能单独使用物理、化学和生物中的一种知识来解释它们。事实上，这些本属日常的对象，曾经是早期科学研究的主要目标，但由于人们对数学和所谓精密科学日趋重视，而不再关注于它们了。

当前的任务：

对于自成形过程的关注使得日常的事物再次变得新鲜。自然正在一步步地得到完整的发现。我们的远期目标是理解更大的系统。其起点是生物系统最重要的组成部分。

生物学迎来了广阔天地，但也很不幸地成为一种时尚，好像所有的东西在名字前面加上个“生物”（bio-）或“生态”（eco）就显得更好了。没有人对此有所怀疑，但这其实是不对的。生态学和生物学既不好也不坏。自然既不好也不坏。只有我们和我们生产的东西有好坏之分。

建筑师的任务：

通常，建筑师的目标就是生产建筑。他们已经忘记如何去研究了。当然，近年一些建筑师开始承担起以往没有的研究工作。他们不再只是规划建筑和城市，而是去探究非常常见的人造物变化和自我生成的过程。

生态建筑（biotope building），生态系统城市，体量最小化的建筑，最节能的建筑，在景观和建筑上都是统一的。这是一项艰巨的任务。很难预期解决方法应该是什么，因为现在没有这样的城市和建筑。只能尽可能地去优化数不尽的房屋和城市，让它们的能源消耗方式更为适应它们的时代。即便对于古典形式，这样已经进入发展过程末尾的领域而言，虽然没有什么可以增加或者减少，我们也不会只下一个固定的结论。寻找建筑中的自然，不是要限制可能性，而是要扩展可能性，能够为我们的建筑创造条件，让它们有机会减少它们以往的不自然。

作为建筑界勇于探索的表率，我们研究工作中的艺术家正在设法减少艺术中的不自然。他们希望更接近自然，正在走出第一步，去寻找一种全新的建筑，一种根植于对事物中的自然而进行研究的建筑。建筑师想系统性地了解建筑和自然之间的连接究竟在哪里。

通过这种方式，我们可以发现某些领域的技术产品可以作为生活建造的模型，解释其原理，比如轮胎、分叉路和网。值得对此做更多的工作。

建筑师正在寻求发明、设计和发展技术对象的经典路径。这条道路的每个阶段都是可以清楚描述并加以理解的。可以用于获得更节能、更轻，更灵活，也与人类更为亲近的产物。

这条道路有可能产生既是高性能的技术成果，又能涵盖美学元素的产物，同时还能与建筑的艺术联系起来。

建筑师不是思想家，他们的感觉来自他们的研究，保留我们人类的生存空间是明智的，这样森林、水体、城市的生态系统才不会受到各种压力，特别是因我们的房屋、交通系统和机器过多而产生的压力。他们希望城市的建筑能够确保人类城市新的生态系统得以长期生存下去。

生物学家的任务：

从格哈德·赫尔穆克（Gerhard Helmcke）在 1960 年创建柏林技术大学（Technical University in Berlin）时起，生物学家就在同时致力于对人类结构和生物界结构自然属性的研究。他们研究关注的重点是导致生命产生，并与遗传繁殖共同作用使得生命体成形的物理和机械过程，对此不使用基本的非生命的自成形理论是无法解释的。即便是在研究的准备阶段，20 世纪就产生过并被驳回的想法仍然一次次出现。在 20 世纪 70 年代，他们找到了一种全新的基于对内力支持的膜结构和网结构的理解的方法，以此来观察自然。其中一项结果是一张清楚呈现生命物质最初出现过程的照片：所有的生命体都是由某种单一结构组成的，同时恰当地遵从某种形式法则。

直到今天，我们仍在寻求解释，这无疑需要依靠极端重要的遗传学思想模型。此外还需要引入协同学（synergetics），当然其难度也很大，我们在自组织过程中发现有这样的必要，而工程师和建筑师在对新涌现的形式进行建筑形体和能源优化的过程中也有类似的感受。

对于生命体相互之间以及身处大系统之下的行为进行复杂观察变得

越来越困难。尤其需要注意研究人类城市的生态系统，只有在生物学家、城市开发者、行为研究者和工程师的合作下才能正确理解这一系统，它需要各种不同过程共同运作，相互影响。尽管其中有着各种矛盾，有时甚至会出现重大困难，但最终将成为长久而稳定的系统。

工程科学家的任务：

他们的任务是研究自成形这一课题的力学原理，研究自成形建造中力的作用是如何造成集中、变化和破坏的。

高塔、桥梁、房屋，以及道路、铁路和运河等工程建设物，在设计和施工阶段都会发生改变，它们随时间流逝而衰老，如果不进行更新或改造，最终将成为废墟。

可以把这些大型工程建设的找形过程当作模型，今后用来解释生命自然和非生命自然中物体的力以及力的传输。这是解释其自身形式产生的第一步。

在极端工程结构发展的过程中，自发产生的概念得到逐步优化。优化过程自有其生命，人类驱使它运转，但其产生的结果常常超出人类的预期，有时甚至是惊喜。

有些工程科学的优化过程是完全相同的，在某种程度上与某些非生物自然中的自成形过程以及生物自然的选择过程类似，也就是按照我们的概念，它是自然的。

工程结构是其所在环境的显著负担，即便其从技术和人类价值两方面看都是非常出色的成就也不例外。它们经常摧毁成熟的生物群落，对生态系统造成严重破坏。按说这些建筑不是极端不自然的，但它们确实是。虽然我们仍然需要它们。我们希望，在未来大多数的结构都是不必要的。当前的工程师要做出改变，通过他们细致谨慎的思考、理念、发明和研究，从规划阶段就开始慎重地减少建筑的数量，去除不必要的建筑，这一任务正在变得越来越迫切。他们的任务是使每一个无法避免的新建筑都能融入它的环境，并使用最少的材料和能源消耗，以此来使它成为生态系统的一部分。

狭义范畴的科学家的任务：

协同学的开拓者帮助我们了解到，非生命自然中的物体存在一种平衡，通过衰减，通过内爆（implode）或外爆（explode），通过分解和破坏等方式重建其自身。

非生命自然并非像人们一度假想的那样，是不可辨识的一团混乱，而是始终处于永恒变化之中的。有些事物短时间内看上去混乱，但实际上在不断充足自身，形成新的物体和结构，形成自然结构中的新形式。

虽然关于物体自成形的知识仍然有待完善，但通过这些，协同学家已经在尝试完成综合性的工作。他们对若干乃至大量自成形过程中的事物进行研究，发现非生物、生物和技术上的自成形过程实际上都是同时发生的。因此找到掌握大型系统规律的方法。

可能产生的结果数量之多难以想象，需要建立新的思维模型以掌握大量过程以及能够产生复杂和新的事物的过程组合。

协同研究最重要的目标是我们自己的生态系统，人类赖以居住的地表和城市。但如果不掌握其中元素的自成形和自组织过程的知识，我们就不能掌握这一系统。

学者和人类学家的任务：

分析“自然”这一概念，是哲学家的关键任务。我们即将发现今天的自然究竟是什么，我所指的是真正的自然，不论我们是否喜欢，我们都在塑造、再塑造，并依靠于它。

同时，尽管亚里士多德、柏拉图、黑格尔和谢林等哲学家对于自然的描述充满睿智，在他们的时代也都是恰当的，但并不适于描述真正的自然，那些自然是他们为自己的需要想象出来的。

当建筑师为无家可归者提供庇护场所时，他该怎样改造自然？当工程师面对不可避免的自然灾害时，他该怎样改造自然？他们都需要面对真实的自然。

当今的哲学，已发展出一种针对自然模型的人文学科，关注的不再是受局限的学科。物理学家、医生、建筑师、工程师都在对新的自然图景进行研究。这让他们成为今天真正的哲学家。对于自然，他们需要的不是一种理解，而是很多种。最终每一个有意识的人类个体都将获得他自己的理解！

当今真正的哲学需要将目光转向前方。开始寻找我们今天的自然图景。抛开所有的不同和差异，开始在大方向上融合。

我们已经需要预测 21 世纪的自然图景了（本文写于 1992 年——译者注）。人文学者和自然科学家、生物学家、工程师、建筑师和所有关心自然和人类的人士，我们必须共同协作。

这同样适用于艺术家，对于专业的政治家更是如此。在我们多样化的选举社会中，他们是实际变化的动力。

和哲学一样，人文科学也需要与时俱进。看看 20 世纪 50 年代以来发生的一切，看看自然事物和人造结构每天都在融入怎样独特的理解吧。

有必要运用我们自己的智慧，不假他人之手，来记录、整理、思考所有研究者和艺术家掌握的自然的复杂主题及其产生的方式。

今天，正在大踏步地前进，却从未如此难以琢磨。变革本身就是伟大的自组织和形式创造的过程。没有历史学家对当代这些成果的研究，我们就不能成功地理解我们的时代在历史长河中的过程价值（processual quality）。不久后，历史学家将要面对的是无法解决的问题，是到目前为止都没有先例，也没有进行过基础工作的问题。

结语：

“自成形”（Self-formation）和“自然结构”（Natural Constructions）等理念需要得到广泛认同。需要通过强有力的集体领导展开相关研究。如果参与的研究者只考虑自己狭窄的学科范畴，忘了他们必须时刻将事物视作整体，就会很危险。对于“自然结构”课题的研究工作仍在继续。目前已经完成的，只是我们需要完成的工作中的一小部分。到目前为止我们认为最重要的结果，是对生命产生和形式获得的解释。未来的工作需要洞悉物体的结构是如何从无序的状态产生，如何创造出来的。这需要以清晰的目标，通过客观、冷静的研究来实现。

然而，所有超越学科边界的工作，从学科自身角度来看都是缺乏学术规范的，也因此都会带有主观的成分。做出巨大的思想贡献的人们，通常都会突破学术边界，但又会在无形之中构筑出新的界限。人们需要不断获得新的动机。

一种新的、主观的、非常个人化的对于自然的理解成为推动力。我对我所看到的事物怀有最崇高的敬意，尤其是那些无须依靠人类非自然手段的食物。我需要对某些人造事物建立同样的尊重，即那些能够减少非自然成分的事物。我已经看到一种对自然、技术和艺术的新的理解正在冉冉升起。

但是我们人类仍然看不到自然。我们还是把自然，还有改造自然看成与我们自己对应的事物。我们按照自己的意愿，从改造自然的角度出发，对自然进行加工。这让我们与自然愈加疏远，让自然变成人工的，也毫无艺术可言。我们常常蹂躏注意不到的生物，我们两眼一抹黑，不知道自己正在摧毁自己的世界。

弗雷・奥托

形式的诞生
图片史

物体通过成形过程获得自己的形式。形式来自于所有自然范畴：

- 非生命自然
- 有生命自然
- 动物和人类技术
- 艺术

所有自然界和技术形成的物质都是被放到一起而形成的形式，因此都可以称之为结构。

自然物体是自然的结构，是自成形过程的结果。

人类既可以模仿自然过程，也可以制造人工物体。

非生命自然的自成形过程

从宇宙诞生开始，恒星和行星就在形成和消亡，它们的大小可以是无穷小，也可以达到无穷大。

2

1

3

图 1 天体
因重力而形成的液态球体
图 2 宇宙中的恒星、银河
旋转中的天体
图 3 大型天气系统
因大气的旋转而形成的旋涡

1

3

2

4

图 1 结晶

分子力造成的自组织

图 2 寒冷造成的玄武岩结构应变龟裂

（strain crack）

图 3 表面装饰

表面结晶（硫化铅）

图 4 干裂

因泥土缺水造成

1

2

3

4

5

6

7

10

8

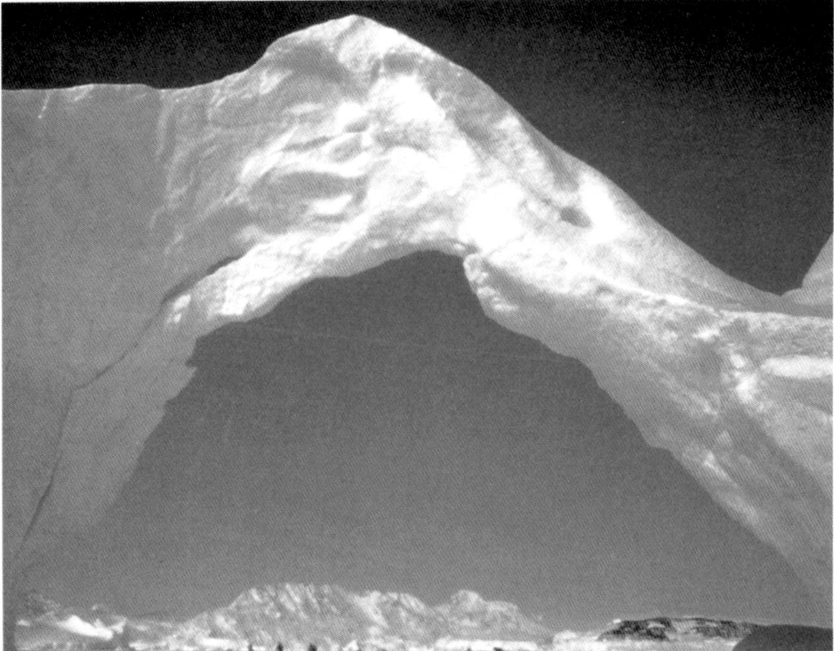

9

图 1 卵石

在河滩上因流水而变圆

图 2 流动的沙丘

因风而呈现棱状的肌理

图 3 风蚀

因温度变化和沙暴而形成

图 4 土塔

由雨水侵蚀造成

图 5 侵蚀

雨水改变了岩石地貌

图 6 石拱

由热应力和雨水冲蚀形成

图 7 石塔

由热应力、水平层理和雨水侵蚀造成

图 8 山脉

面团似（dough-like）的层次，因侧压力的折叠而产生

图 9 冰拱

因冰雪融化形成

图 10 圆锥形

小石块因雨水侵蚀和温度波动而崩落，随后因摩擦和重力聚集在山岩下

1

3

4

2

5

图 1 自然气压（pneumatic）水滴
由表面张力形成
图 2 河流与小溪
水流动的聚集路径系统
图 3 悬垂的水银滴
因表面张力和地心引力成形
图 4 闪电
电能的聚集路径系统
图 5 云
由数不胜数的小水滴组成

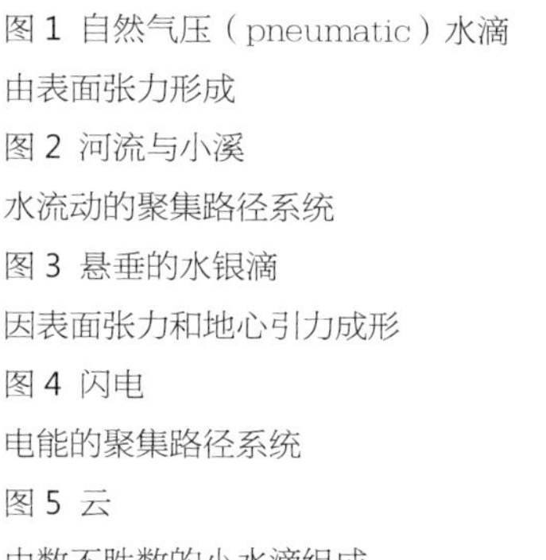

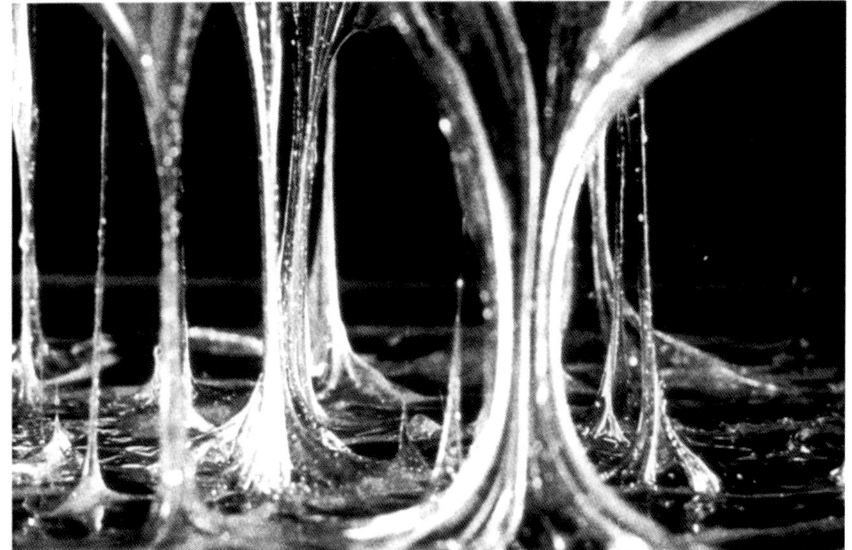
1

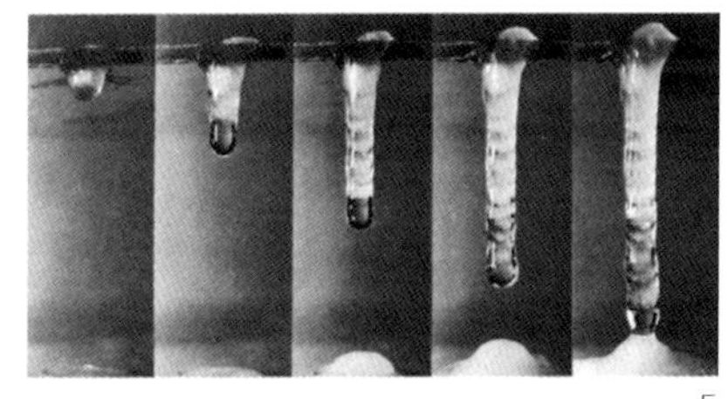
5

2

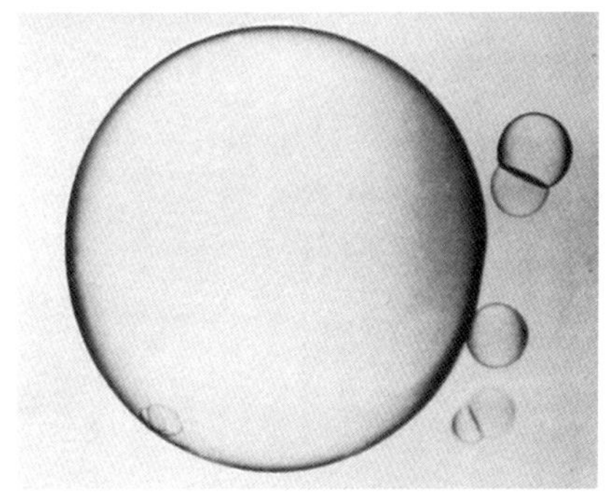
3

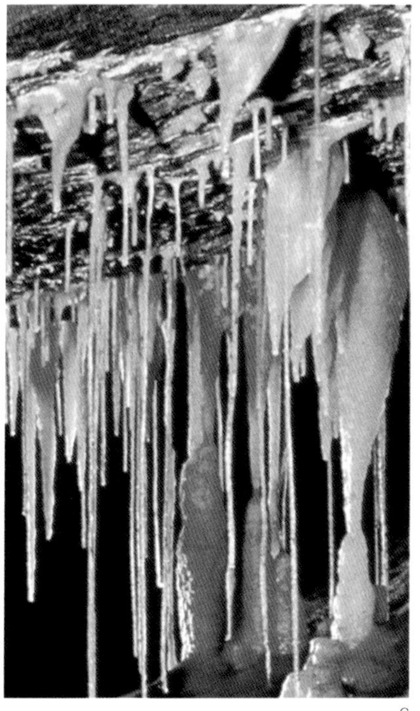
6

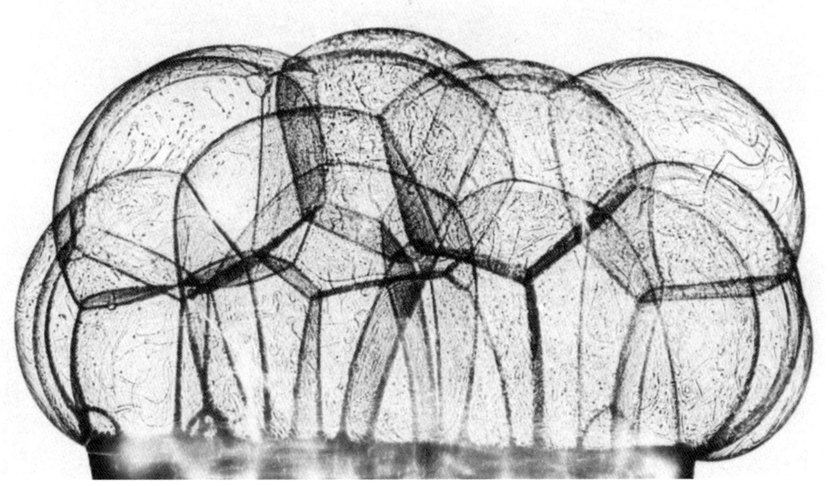
4

图 1 黏性物质

气泡和柱状体的构成（例如当岩石温度升高时）

图 2 凝固的液滴

（月亮石）

图 3 自由漂浮的气泡

因内压力和膜张力产生

图 4 气泡集聚成为泡沫

因气压连接起来

图 5 冰锥

冰冻的水滴

图 6 钟乳石和石笋

由水滴和矿物质形成

生命自然

生命自然“使用”了很多非生命自然的自成形过程，如小气泡、线和图案的形式，但它在本质上有别于非生命自然，除非其物体死亡，并最终变成自然中已死的物体。

生命体能够通过分裂和有性繁殖而实现再生。生命体因为繁殖中随机的错误而产生改变，通过逆向淘汰，消除那些没有生存能力的，有生存能力的则因这种不确定的“优化过程”中而得到“发展”。越来越多不同的生命形式得以出现，有些甚至有能力去统治其他生物体。

1

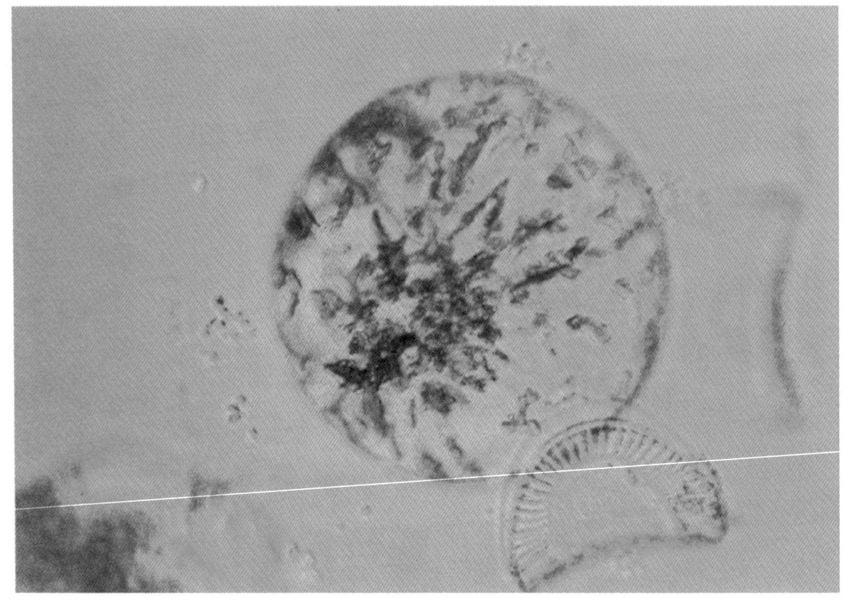

2

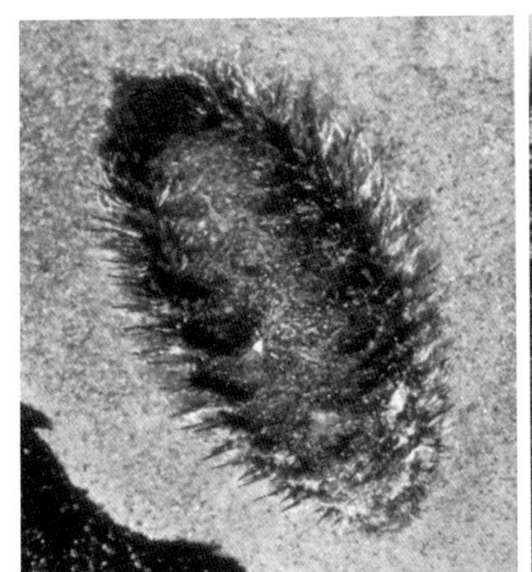

3

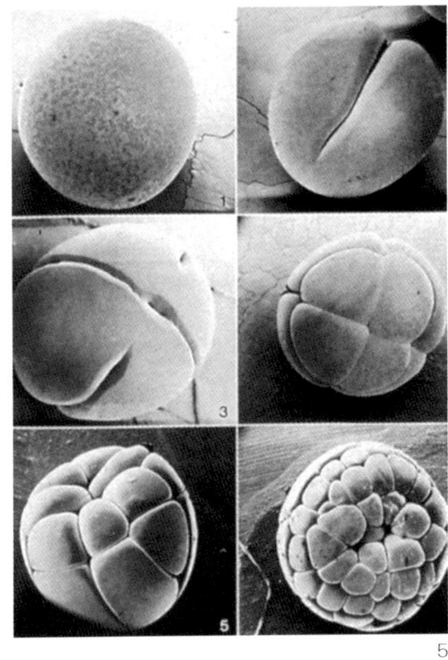

5

4

图 1 微球体

非生命单元，同时也是生命的组成元素

图 2 活细胞

结构组成是纤维支撑的球体，其中充满了液体

图 3 多细胞原始生物

图 4 紧绷的球形液囊（莓果）

图 5 繁殖

细胞分裂

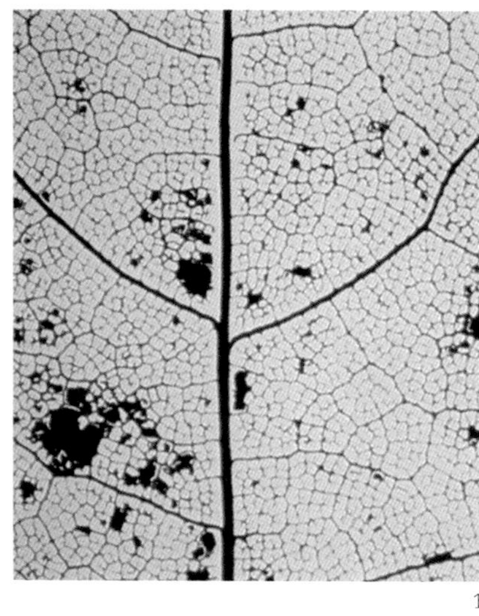

1

3

2

4

图 1 汁液和动力的路径系统（如树叶）

图 2 西里西亚纤维（草）使强度增加

图 3 草本植物的分叉

图 4 树

高密度的纤维和相互黏着使其坚硬（木头）

1

3

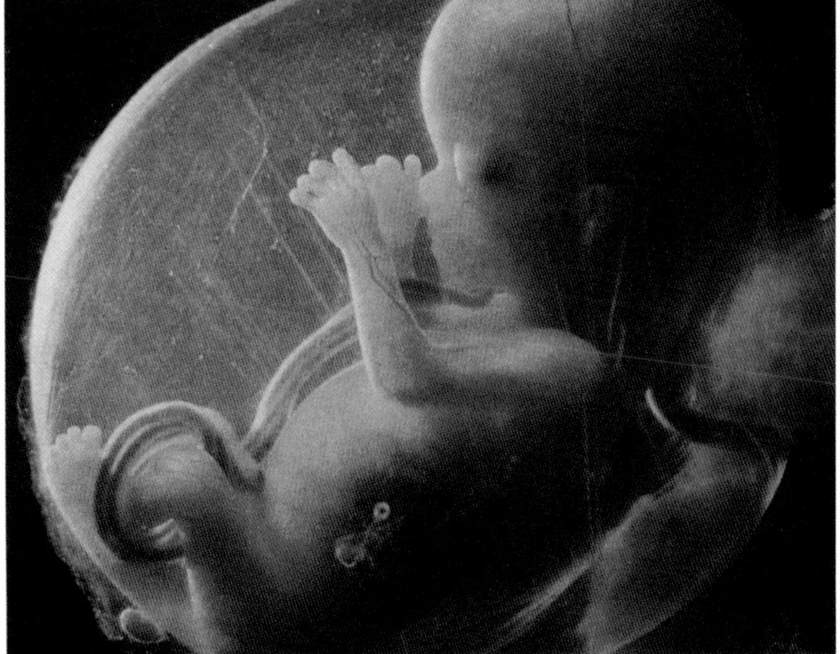

2

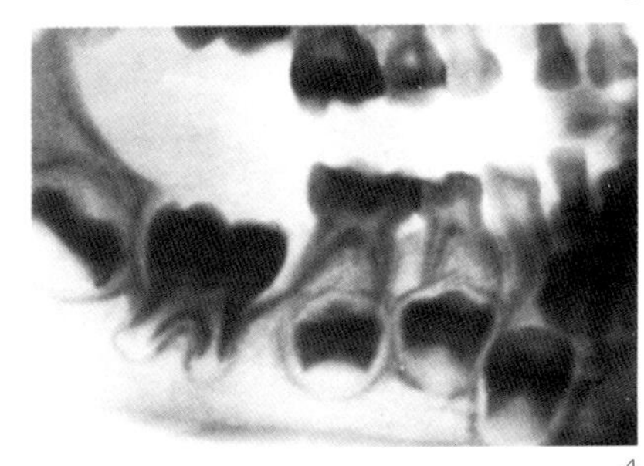

4

图 1 动物栖居的分叉结构：珊瑚

图 2 液囊中的液囊：骨骼正开始变硬（人类）

图 3 软体动物在坚硬物质入侵后就会变硬

图 4 牙齿构造中的球形气囊

动物和人类技术

50 万年来，高度发达的动物灵活地运用了物体成形的技术。

昆虫和蜘蛛，是生物进化中的早期实例，它们自身成形和建造物体的技术已经融入基因之中。

那些更高级的、在生物进化晚近时期出现的动物，其融入基因的本领因跟随前辈学习而逐渐增长。借助工具，动物也学会将工具和其他物体作为身体的延伸。

最终，人类出现了，他们能够根据自己的需求进行优化，逐渐发明并发展出技术手段，他们能够自己制造任何所需数量的工具，这也是唯一人类超出自然生命体和动物技术之处。

技术手段会逐渐过时，遭到淘汰，被改进后的新技术取代。而艺术手段则通过应用技术而产生。

艺术手段与所有的自然都有着非常遥远的距离，不需要模型、法则和规定，发展很少甚至完全不变。

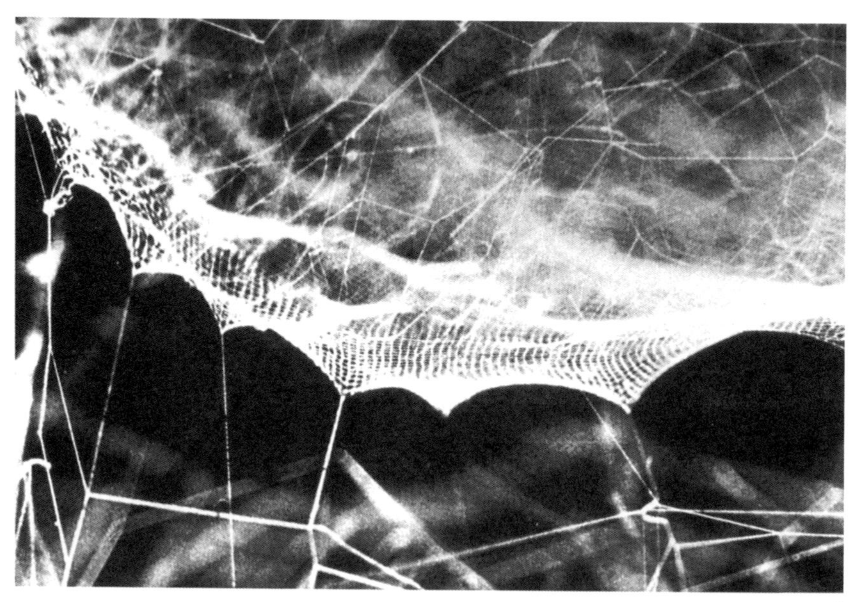

1

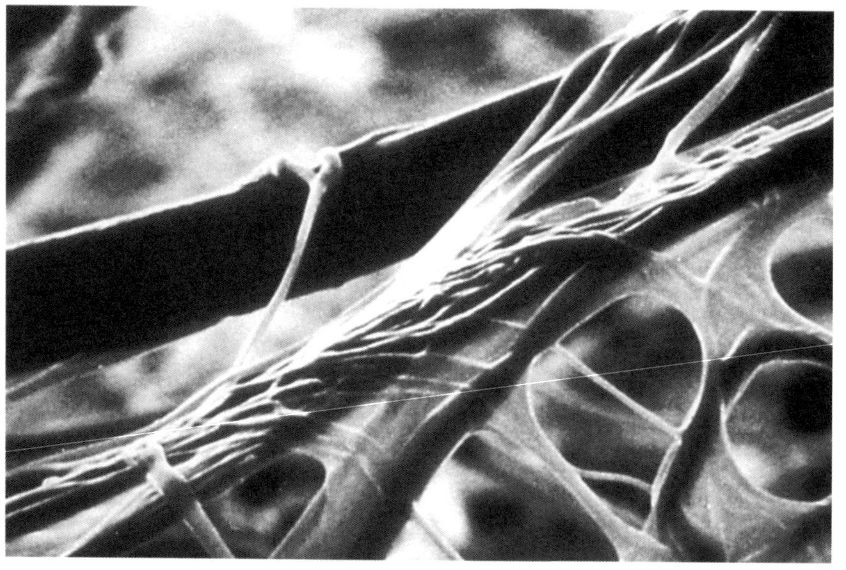

2

3

5

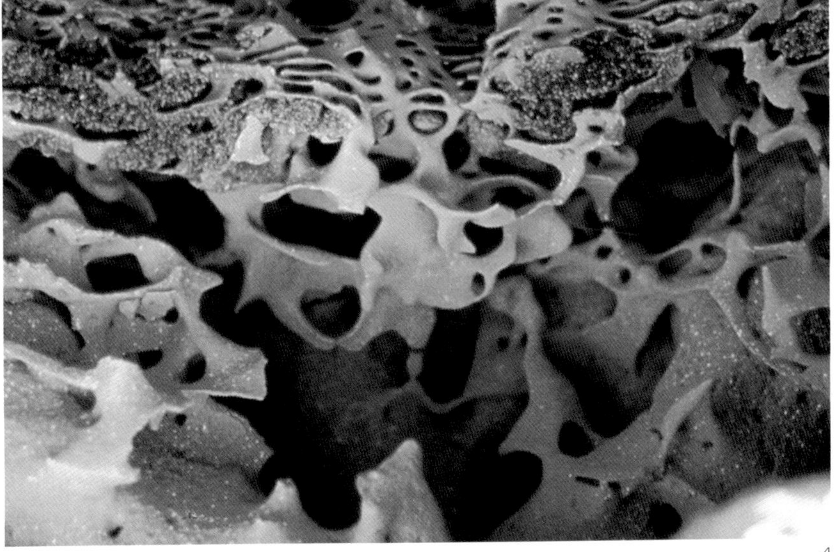

4

图 1 动物技术

蜘蛛网，捕捉实物的装置，完全存在于基因中的技术

图 2 蜘蛛网的细节

大量黏性纤维硬化后的形式

图 3 鸟巢

脊椎动物的家园，由能够找到的材料建造

图 4 白蚁城市的一端

三维轻型结构

图 5 黄蜂巢

由自制纸做成的小型城市

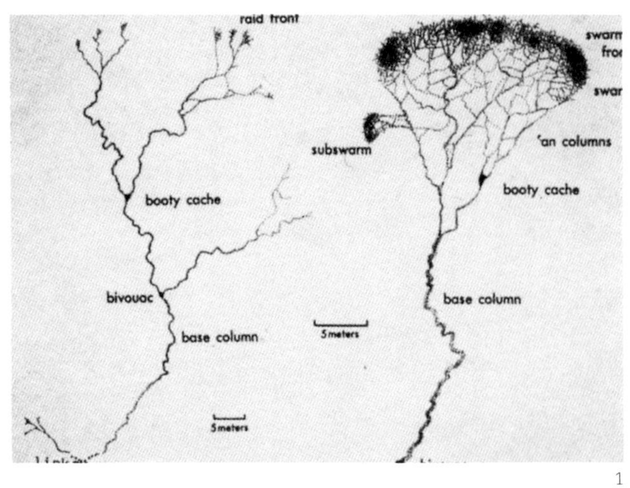

1

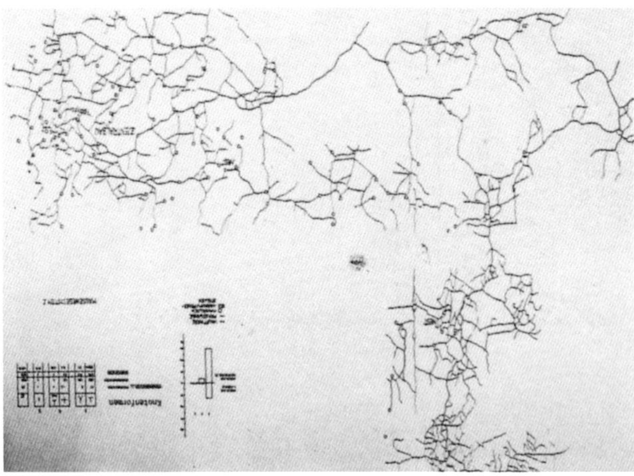

4

2

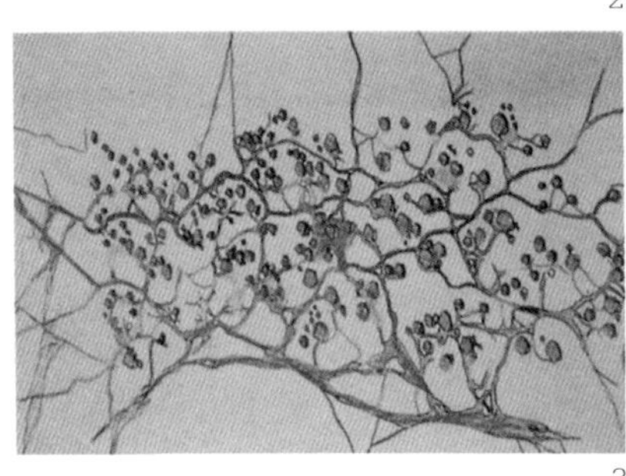

3

5

图 1 蚂蚁觅食的路径系统

图 2 老鼠的城市

人类和动物的路径系统，其形式都来自能量优化利用的网络，目的是尽可能减少绕路

图 3 动物奔跑的路径，和人类的足迹系统（埃塞俄比亚村庄）相一致

图 4 社会化的哺乳动物的道路系统（老鼠）

图 5 引入交通工具也没有改变道路系统的自成形过程（罗马的道路）。

1

3

2

4

5

图 1 中世纪城市中心的占据区域和路径系统

图 2 为保持距离，人类和动物占据区域的方式是相同的

图 3 占据表面：极度密集的聚居处

图 4 芦苇屋顶，是原始房屋防御气候侵害的方法

图 5 建造技术大为发展之后的芦苇屋顶

1

3

2

4

5

6

图 1 石头建造的金字塔形房屋

干石造屋顶

图 2 古代建筑应用几何形式建造的巨大圆顶（万神庙，罗马）

图 3 黏土屋顶

经典形式的拱顶

图 4 早期圆锥形碎石屋顶

图 5 杰里科堡垒的塔基，约 8000 年以前

图 6 巴别塔，1567 年的绘画

1

4

2

5

3

图 1 拱

其使用历史至少有 4000 年

（科尔多瓦，西班牙）

图 2 悬索桥

人类最初认识的自成形结构

由绳索建造

图 3 渔网

像帐篷一样，需要通过自成形过程获得其形状

图 4 铸铁桥

使用历史达 2000 年，对材料的最少化应用

图 5 悬索桥

一种今天仍在建造的桥

1

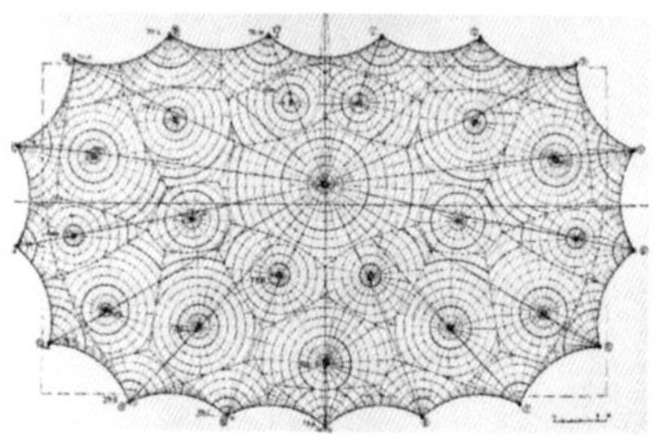

2

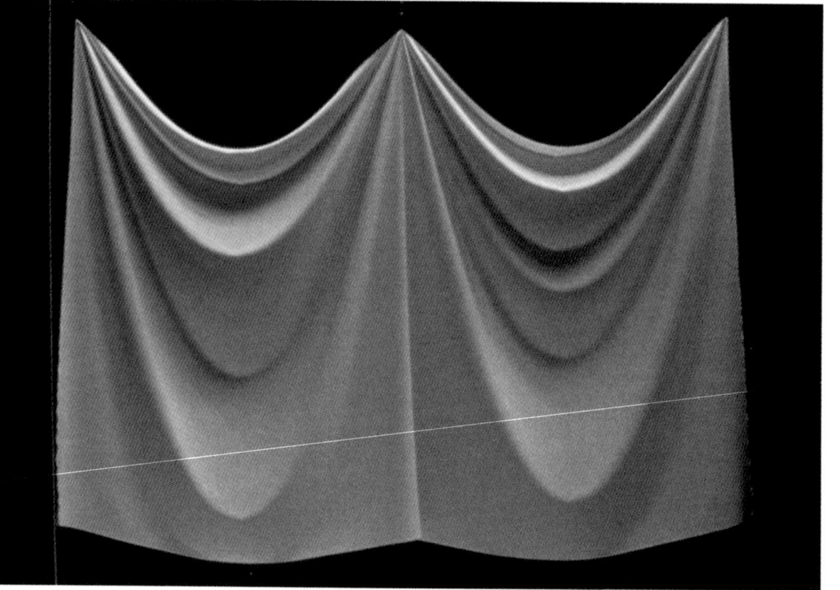

3

图 1 折叠薄膜屋顶

图 2 屋顶折痕图显示的规律

图 3 悬挂床单的折痕

图 4 气囊

飘浮软管，用作步行桥

图 5 破裂的金属箔形成的折叠形状

图 6 气囊：热气球

4

6

5

人类使用的自成形过程

当需求与物体自身形成的形态一致时，人们可以直接加以利用。例如，在建造堡垒和堤岸时，可以参考天然堤坝的角度。人们可以通过蜘蛛网做出拱的形状，也可以通过悬垂的网想到碗的形状。现在还出现了新的自成形过程，使用计算机优化程序找到实际问题的解决方法。

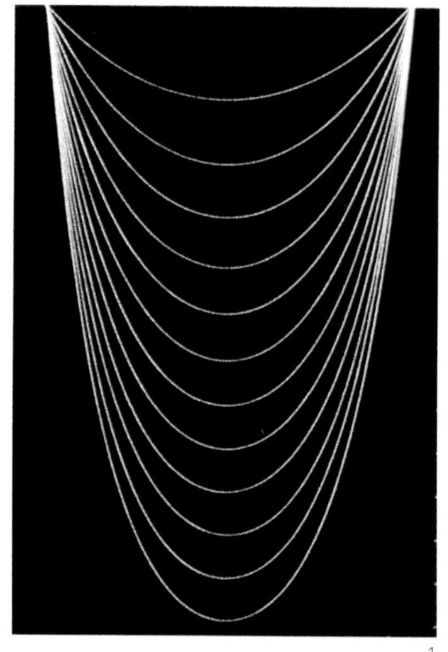
1

4

2

5

3

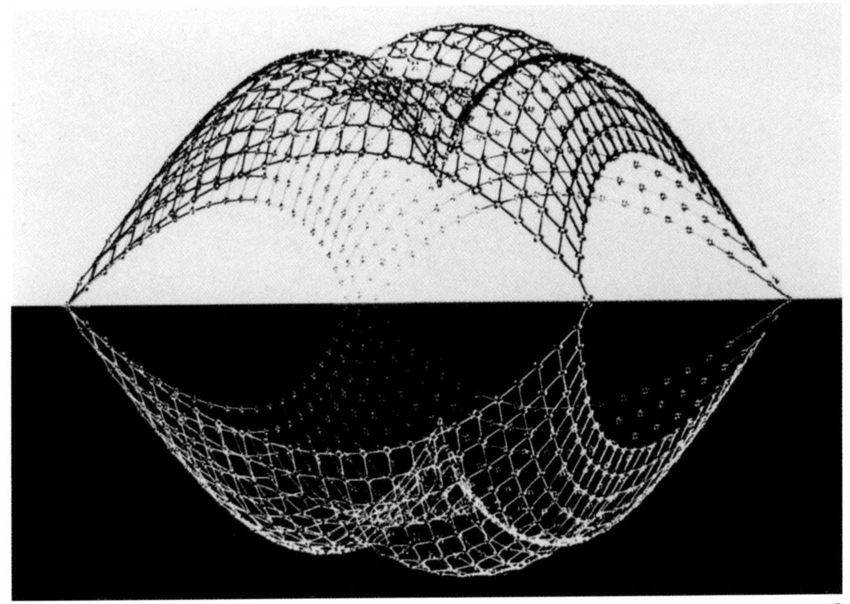

6

10

7

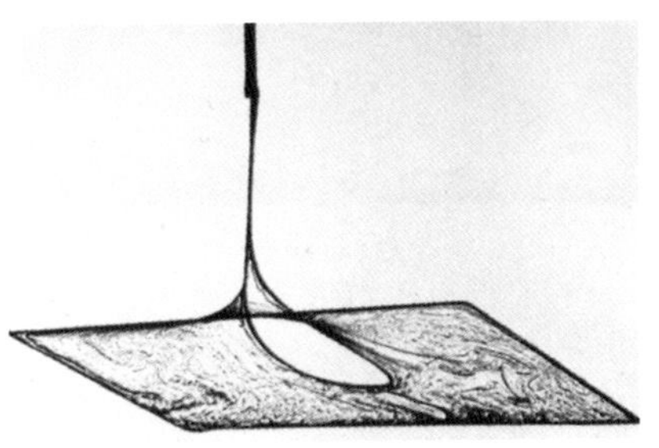

8

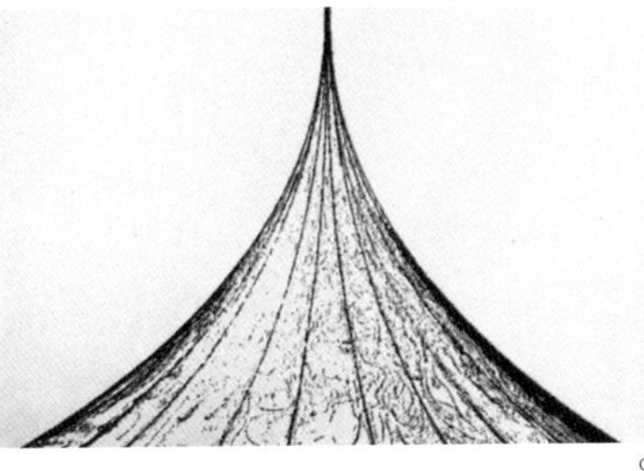

9

图 1 悬链

立式拱模型

图 2“矗立”的链线

（美国圣路易斯大拱门）

图 3 相互连接的链形成的自校正拱

图 4 对大地自成形的利用

（土坡）

图 5 建成建筑中的自成形现象

（对水箱洞口的自成形实验）

图 6 悬网，用作网壳模型

图 7 线与线之间的肥皂泡

四点支撑帐篷（four-point tent）模型

图 8 带有高点的肥皂泡

一个高点帐篷模型

（如斯图加特大学轻型结构研究所）

图 9 一点支撑帐篷的线和肥皂泡模型

图 10 穹顶的理想形状

使用计算机算出的自成形

已通过模型实验

1

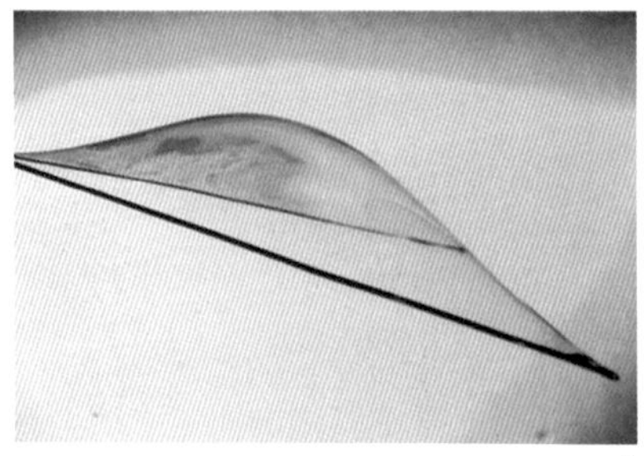

2

3

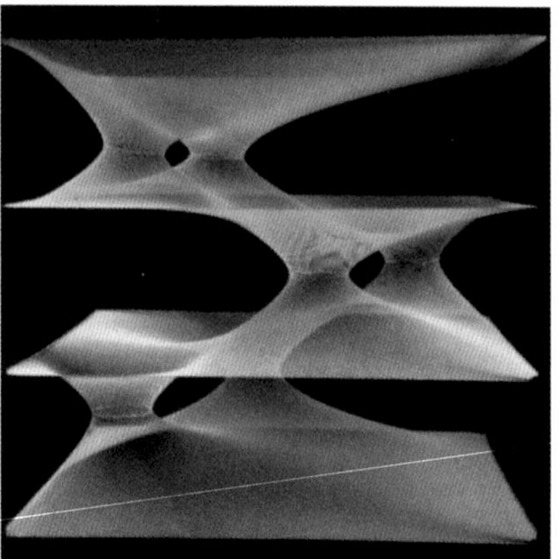

4

图 1 肥皂泡，帐篷模型

图 2 肥皂泡自成形为帆状

图 3 帆的自成形

经过肥皂泡实验和计算机计算，并通过气压、切割和优化加工

图 4 三维排布的网

用于解释空间网络（spatial network）

反向路径

反向路径法使人们能够认识到，生物自然和非生物自然中形式的形成过程在某种程度上都是人工运动。这在实验和结构技术发展中已经得到验证。技术发展驱使人们希望对自然界中的非技术结构有更充分的了解。这就是反向路径。自然不能拷贝，但可以通过技术的发展更好地理解它。例如，关于供水、供电和传递荷载的结构框架等方面的科技发展，共同拓展了关于河流中的水流和闪电中的电流等方面的知识。反向路径也促使人们对叶子、灌木、树木、珊瑚等的起源和基因修复有了最初的理解。

使用反向路径工作的一个重要结果，是得以对由织物支撑的膜结构——这类结构可用于大跨度膜结构厅堂——进行系统研究和技术开发，在解释生命起源和形式生成过程方面有重大进展。前面所述的过去200年间的基础研究并不能做到这一点，也不了解技术充气结构的成形过程。

很容易看出来，生物世界利用了肥皂泡的非生命自成形过程，而且，从技术上说，使用这种复杂的纤维网也很有必要，经常能在自然界找到。很显然，纤维支撑的柔软充气结构，就是生命的最初结构。它构成了细胞、器官和整个生物体，甚至有些还能硬化，比如木头和骨头。

生物繁殖的过程，将生物与非生物区分开来，但其中需要非生命的建造元素，而且非它莫属。当生命体需要成形时，要用到的非生命元素，比我们预想的要多得多。然而，从进化史的角度看，越趋向完美这样的情况就越少。

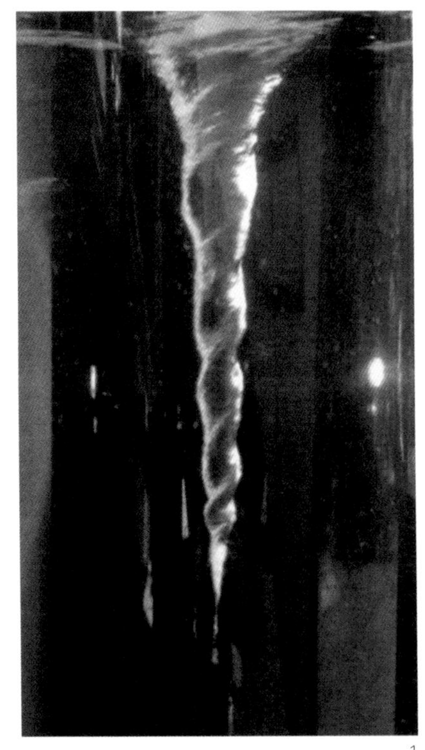

1

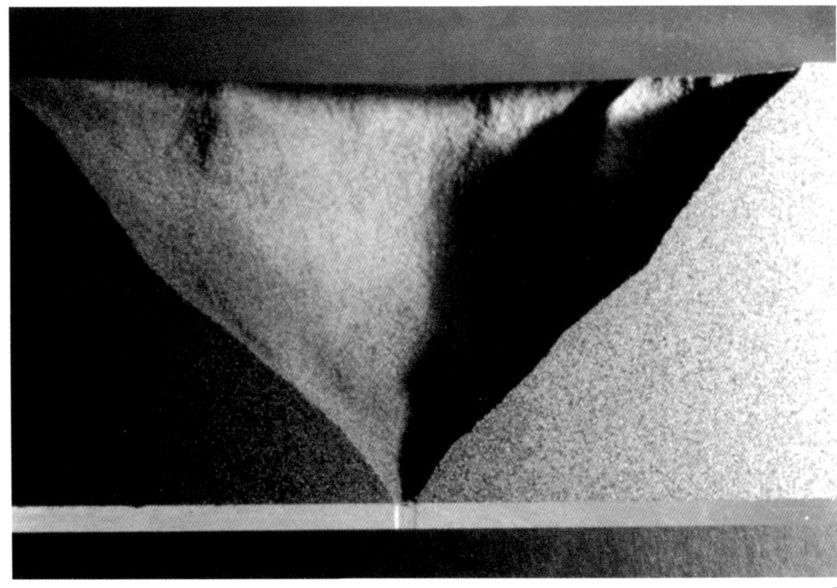

2

3

图 1 液体中漩涡的形成有助于解释龙卷风的形成

图 2 研究漏斗的形成有助于理解环形山的形成

图 3 由石子组成的山锥和环形山

图 4 覆盖某一表面的气泡

图 5 表面覆盖气泡解释了水晶结构以及生物模式的形成

图 6 不同大小的脂肪块占据了表面

图 7 直接路径系统

降低能量消耗，路径长度大。大型土地使用（线网模型）

图 8 最小路径系统

可能总体路径长度最短，各点间连接为绕路。小型表面使用（由肥皂泡自成形得到）

图 9 通过有限绕路优化能量（通过阻尼线自成形得到）

图 10 混凝土裂缝

增进了对地面和岩石破裂、损坏的了解

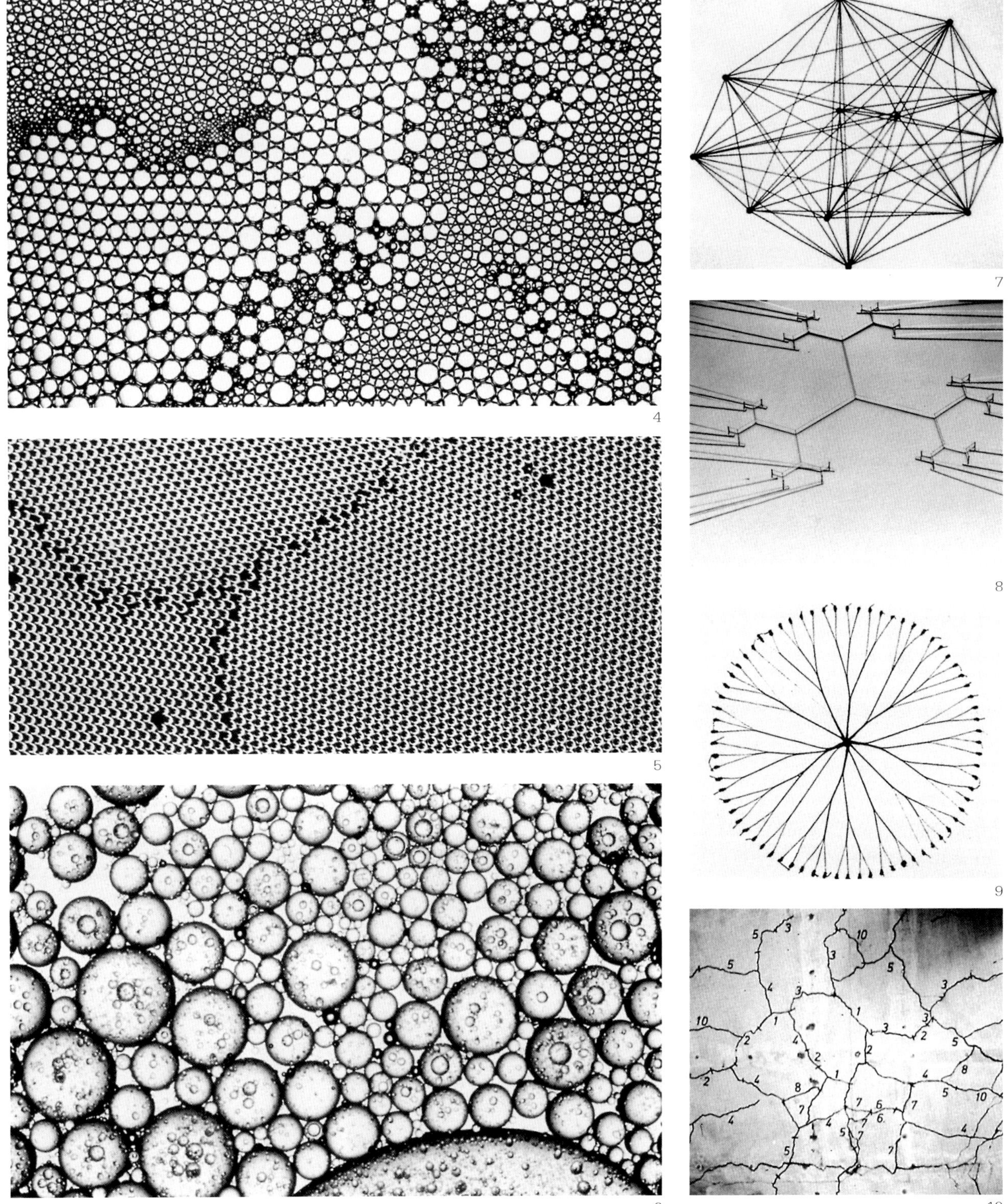

4

5

6

7

8

9

10

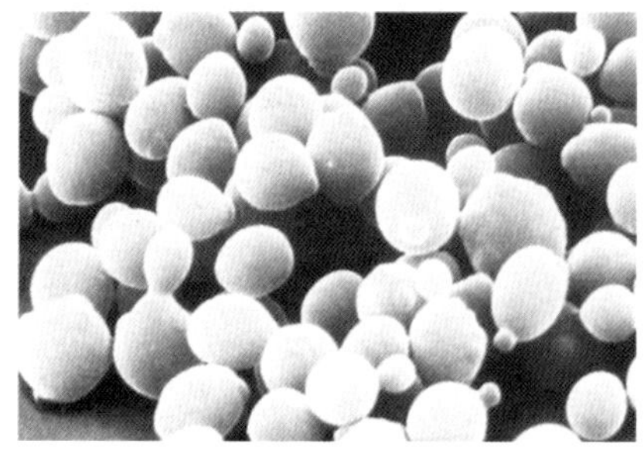

1

2

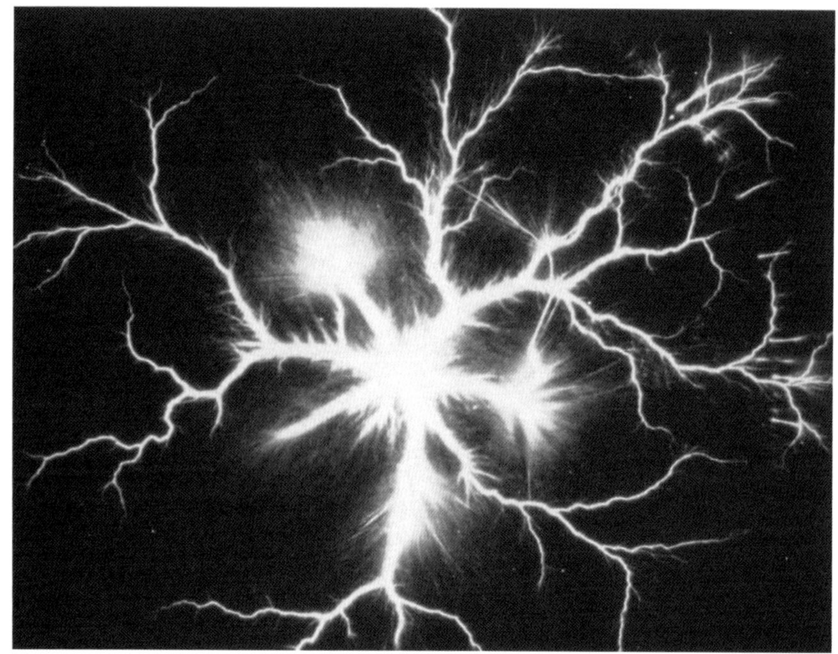

3

4

图 1 细胞是充满液体的容器，专业术语称为纤维支撑“囊”（pneus）— 液囊（充气）结构（pneumatic construction）

图 2 典型的“囊”，自由飘浮的肥皂泡，以球体外观和原细胞（primitive cell）为特征

图 3 浓度导致的能量优化（人工放电）

图 4 支撑木帐篷的三维枝形结构［巴特·迪尔海姆（Bad Dürrheim）］

图 5 电脑生成的路径系统和枝形结构

图 6 充气结构实验中的网状形态

图 7 细胞的纤维网络（细胞骨架）

图 8 因绷紧后改变皮肤原有状态形成的褶皱

图 9 实验中破裂而交织的纤维，产生细胞中网络常见的结构形式

图 10 活细胞（放射虫类）中的气泡和网状结构

图 11 球体表面的气泡

5

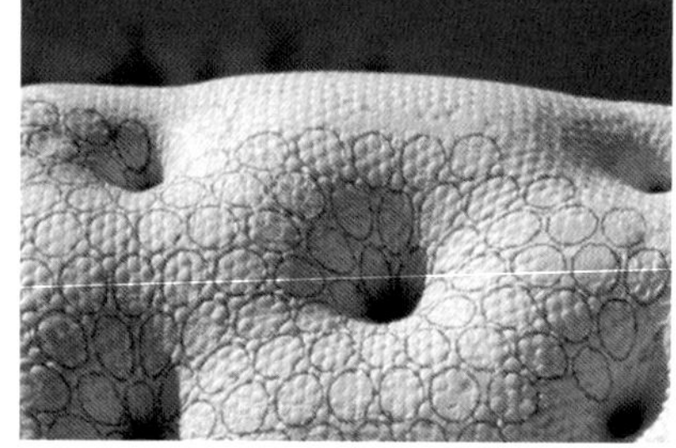

6

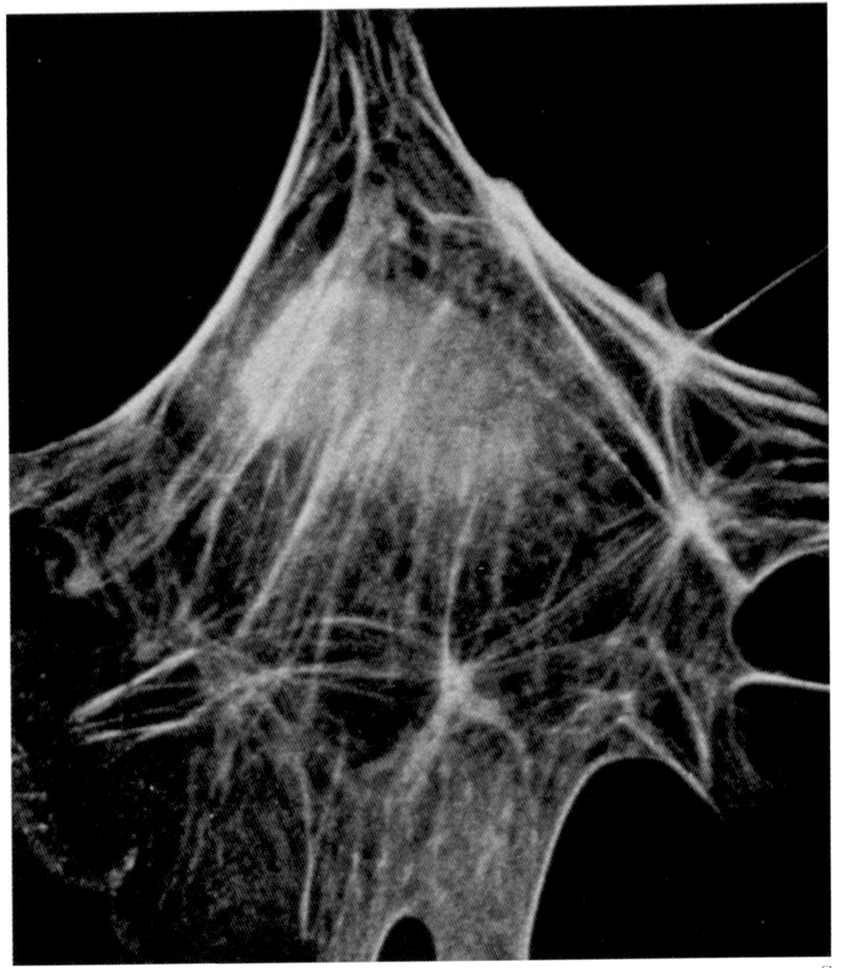

7

9

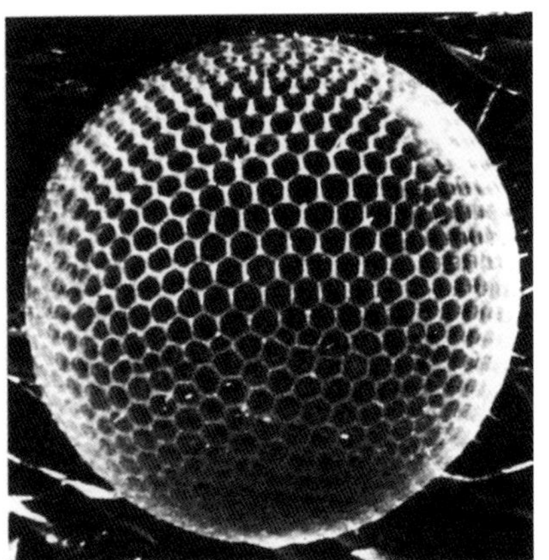

10

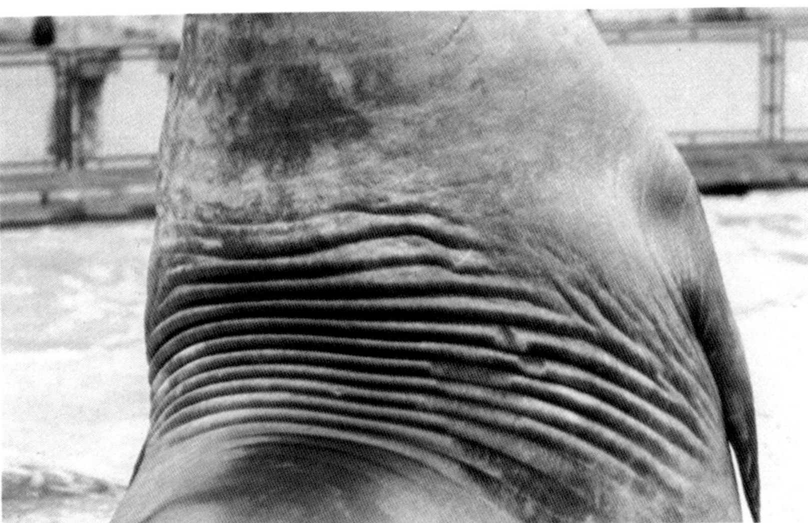

8

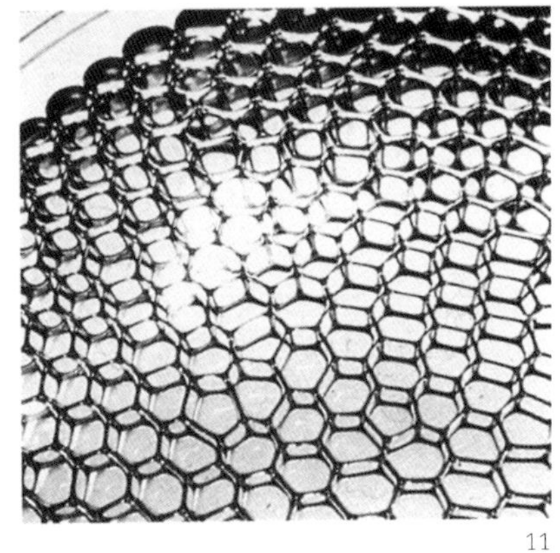

11

1

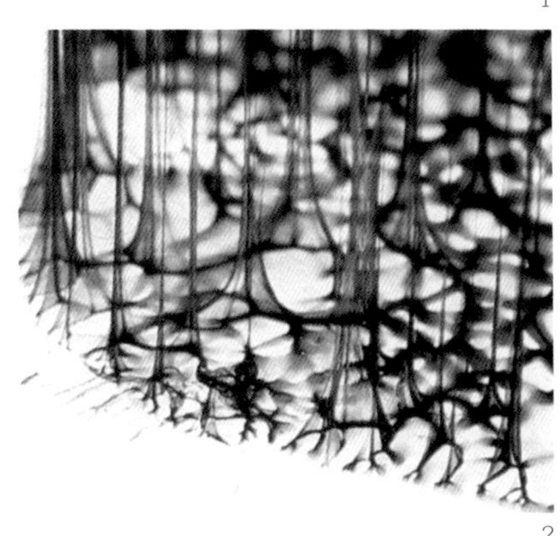

2

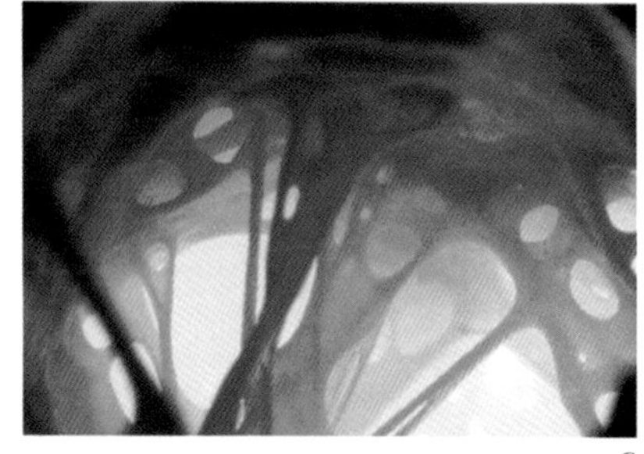

3

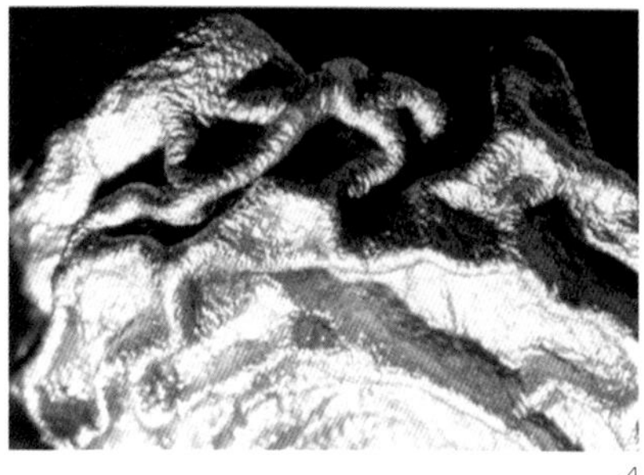

4

5

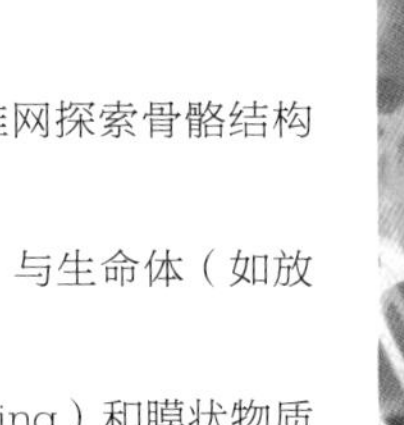

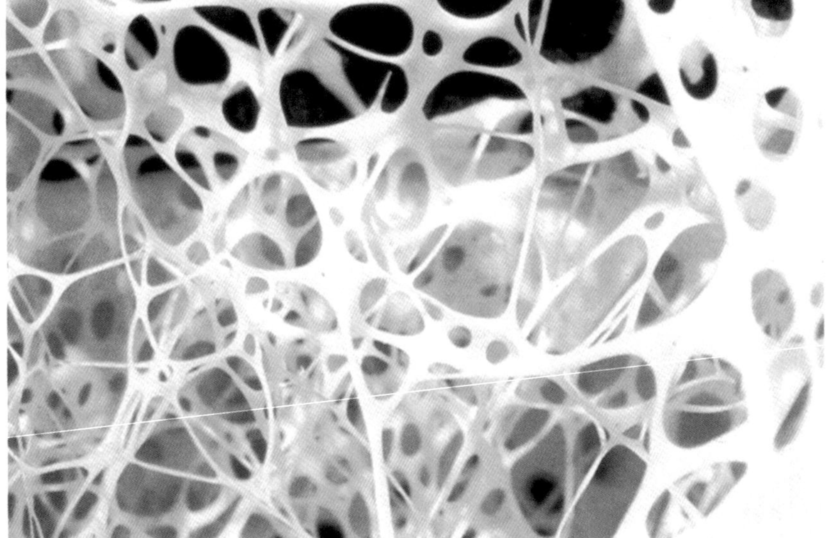

6

图 1 采用湿润的三维纤维网探索骨骼结构等物质的实验

图 2 塑料材质中的垂丝，与生命体（如放射虫类）中的形式相同

图 3 挂线（thread–drawing）和膜状物质（如蜂蜜、胶）的内部框架形式相同

图 4 表皮的褶皱，如同山脉的褶皱（苹果）

图 5 花粉因干燥产生的收缩褶皱

图 6 骨骼结构（黑鹳的嘴）

典型的三维外凸网状，自成形

1

2

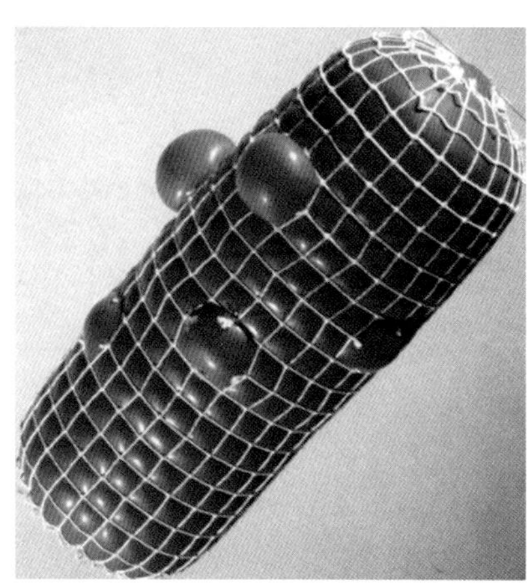

3

图 1 表面张力相等的充气结构也可以不保持球形状态（汞）

图 2 冰冻的肥皂泡

所有的充气结构都能够硬化。螃蟹、海胆、甲壳动物、坚果的外壳都是硬化了的充气结构

图 3 典型芽成形（bud formation）的纯充气结构模型

活的结构，技术的模型？

很多人造产品都是人类反抗自然力量的武器，是如此的反自然。房屋、现代交通方式都属此列。即便在形式上模仿生物，人造物也仍然是人造的。运用自然材料也不会让它们变得更自然一些。活着的生物则是无法模仿的。在今天，模仿活着的结构的最大成果，不过是制造假肢而已。

人从父母、老师以及人造模型处学习知识。他很少会模仿自然的物体。自然之物过去是，现在也仍然是艺术的来源。同时，除了生物自然，人类还想拥有更多更坚实的材料。他们要造出比生物更高，跨度更大，速度也更快的物体。他们做出了轮子、螺丝钉和机器。他们已经在创造能思考的机器了。

通过这些可以支配的技术和艺术手段，人类才能发展无穷无尽的新物体，这是其他生物无法做到的。正因为这样，对于自然而言，人类也是极端危险，极端充满敌意的。

我们已经习惯于声称某些结构比其他自然的、生物的甚至生态的结构还要“自然”。这是一种误导。

高水平的科学技术，让我们获得比以往任何时候更为深刻地理解自然的机会。在其他方面，这能够缓解许多技术及其产品的不自然。在此基础之上，人造物才有可能用于协助实现与其他生命体的和平共处。

实验

弗雷·奥托发展的模型和方法，使得形式能够自我生成，他借此发现和分析自然界、技术和建筑各领域物质实体形成的过程。在轻型结构研究所，多个团队在弗雷·奥托的指导下开展大量实验工作，成为这一基本研究计划的组成部分。这里呈现的只是其中用于研究建筑设计找形方法的部分模型和实验设备。

– 用肥皂泡实验生成最小面积，作为受拉薄膜和绳网结构的找形模型；

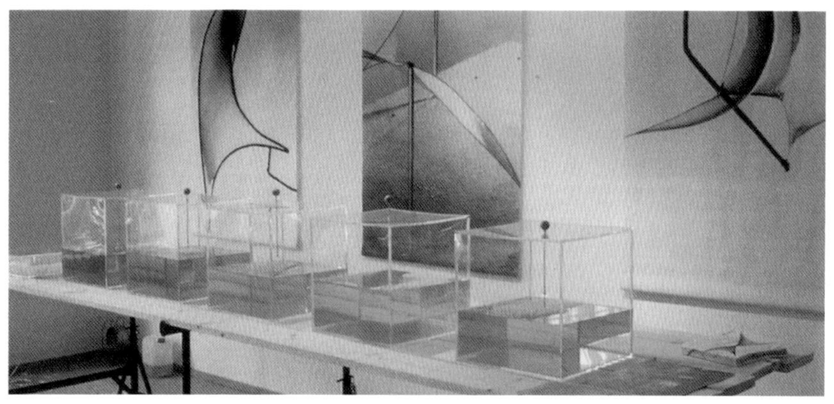

1

2

– 用橡胶和其他膨胀后会变硬的薄膜形成气压和水压张拉膜的实验装置；
– 用链条或链网为依靠自重实现稳定的悬挂结构和受压拱顶及网壳进行找形的实验

图 1 肥皂泡实验装置，慕尼黑施图克别墅展览，1992 年

图 2 生成充气结构的装置，慕尼黑施图克别墅展览，1992 年

– 用石膏绷带以倒置受拉悬挂形式，形成受压拱的实验；

– 用线状物实验，观测枝形结构找形，以优化路径系统；

– 用砂柱形成漏斗形状和倒锥体，检测生土建筑和构筑物；

– 用倾斜台和转盘实验，观测砌体构造在倾斜和地震时的稳定性；

– 用磁片漂浮实验，阐释城市发展过程中的表面占据情况。

3

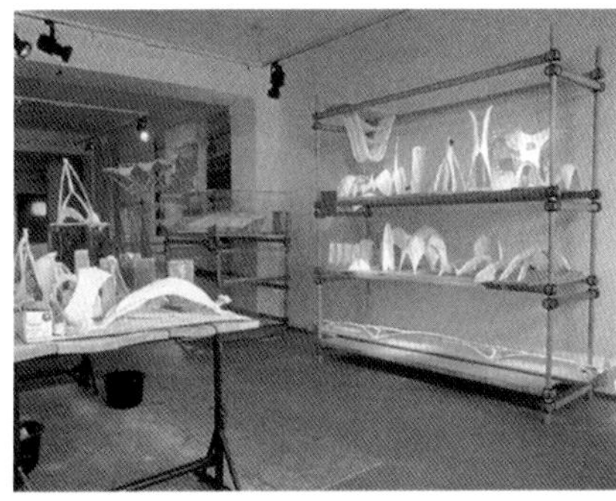

4

5

模型在本质上是简单的物理实验，揭示无须施加过度外力的情况下，形式和结构可能获得的无尽变化。例如，通过这些实验我们可以发现迄今未知的像绳圈之类的结构形式，也可以解释蓄水池生成的过程。

大多数实验的结果现在都可以通过电脑重现，如果需要的话还可以更加精确。

博多·拉希的建筑实践则基于弗雷·奥托设计的物理实验发展出的数值找形模型；其结果随后被用于设计过程中。将这些项目与现有的 CAD 软件相结合，就可以通过电脑进行找形、数据分析、设计格式、计划工作等。

未来，在基于分形数学的电脑程序辅助下，会有越来越多的数值模型（numerical model）被用于分析和模拟自成形过程。

图 3 倾斜的转盘，用以观察砌体房屋的稳定性，慕尼黑施图克别墅，1992 年

图 4 石膏绷带制成的模型，慕尼黑施图克别墅，1992 年

图 5 干沙流出形成的漏斗和沙堆

生成最小表面的肥皂泡实验

液体形成的薄膜，即所谓的“肥皂泡”，是通过将一个封闭框架浸泡在成膜液体中，随后将其取出而形成的。框架可使用细的金属线或纺线制成。最知名的成膜液体即皂液。在蒸馏水中滴入几滴消毒液或“Pustefix”（德国泡特飞）泡泡液，可以做出非常薄的薄膜。

悬挂在框架上的薄膜具有很特殊的性质。在平的框架上，薄膜也是平的，而在不平的框架上，薄膜大体就会呈现曲面的马鞍形。

肥皂膜总是尽可能收缩到最小面积，实现数学层面上可以清晰界定的“最小表面”形式。液体薄膜各个位置受的拉力都是相同的，是预应力、可弯曲的非刚性结构，为平面承载，但仅承受拉力。帐篷也是如此。实验生成的形式，通过适当的放大，能够提供极其精确的帐篷结构的形式模型。弗雷·奥托就采用了这一类比，使帐篷建筑的特性达到了新的水平。

1

2

3

图 1 风洞中的肥皂泡

图 2 点式帐篷肥皂泡

图 3 轻型结构研究所的肥皂泡机以及肥皂泡，配有平行光线和照相机

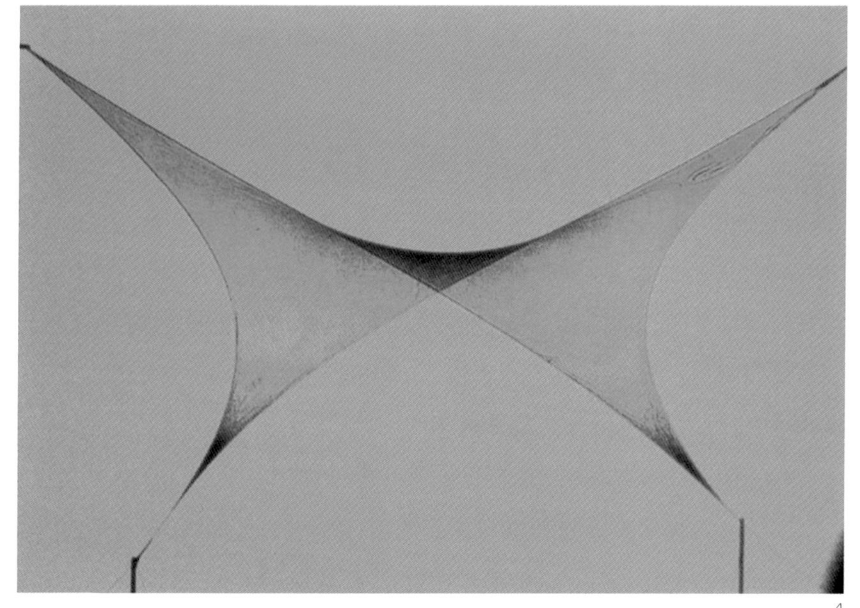

4

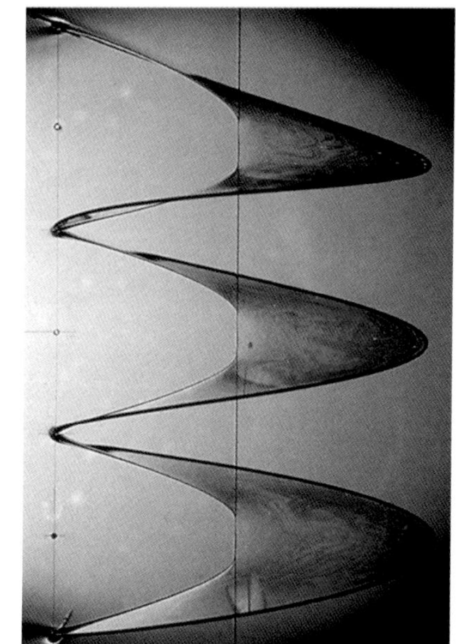

5

6

肥皂泡实验还可用于检验已有帐篷的张力分布是否实现了最优化，这时要尽可能让实验中的框架接近实际的结构。即便是非专业眼光也很容易发现那些与最小面积形式有显著偏差的帐篷。看上去有问题的话，通常造起来也很费劲。

轻型结构研究所研发并制作了一台“肥皂泡机”，用于对肥皂泡模型进行几何形记录和测量。肥皂泡模型在一间人工环境室内可以保存更长时间，用平行光将真实尺寸的模型投射到一个照片底片或磨砂玻璃屏上进行摄影或测量。肥皂泡实验生成的形式，可以为广泛的材料类型提供设计和工作模型，并用于深化设计中。

世上有无穷无尽种肥皂泡或者说最小面积，因此帐篷可以模仿的膜结构形式也多种多样。其可能性从未穷尽。直到现在仍可获得基础性的重大发现。

奥托在最初阶段就会使用弹簧或橡皮弹簧制成的网做实验，为具有不同膜张力的帐篷类结构的膜和网找形。有一处飞机库房使用了此类结构。

图 4 四点帆肥皂泡

图 5 螺旋形式，中部穿过一块平板的肥皂泡

图 6 带有垂直薄片的圆形肥皂泡模型

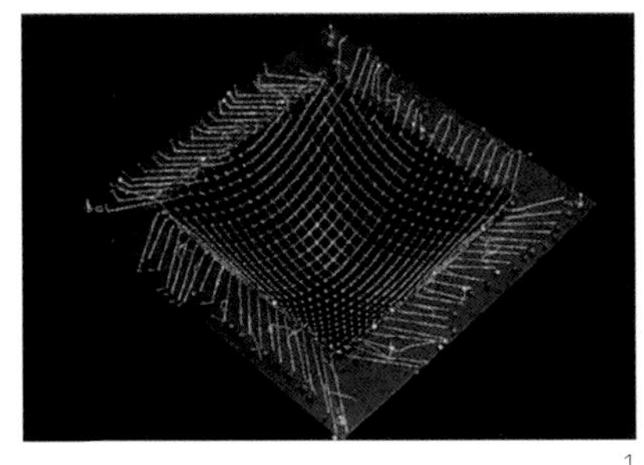

1

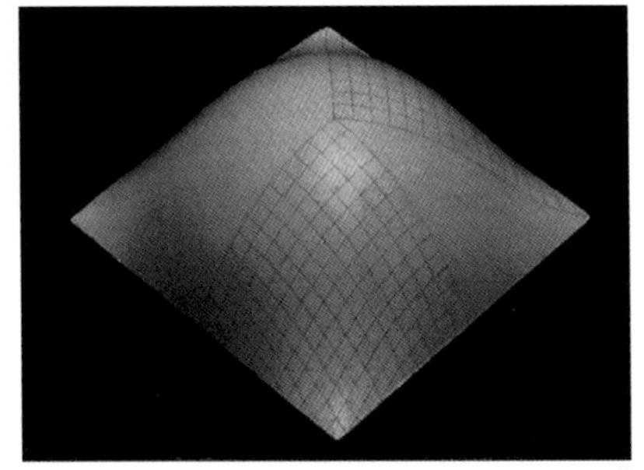

2

充气结构形式的简单实验装置

加气的透明充气结构装置非常有用，尤其适合进行充气膜结构大厅的找形。首先将 PVC 薄片或丙烯酸玻璃加热，充入压缩空气。薄片可以采用任何形状，例如可以用圆锯裁出两片胶合板，把塑料片放在中间，然后把它们固定住，将其快速挪到一块底板上，底板上开洞，可以吹入空气。实验装置上方布置了一组台灯进行加热，用一台强力真空吸尘器或热风扇吹气。当获得想要的形式后，就把台灯拿走，立即朝膨胀的形状喷冷水，并将其从底板上搬走。

充气结构找形实验也可采用塑料强化橡胶薄膜。

实验使用橡胶片，充气后放在聚酯液体浸泡的玻璃纤维上。还有一种方法是使用带液态塑料涂层的橡胶膜。将橡胶膜拉伸覆于一块板的底

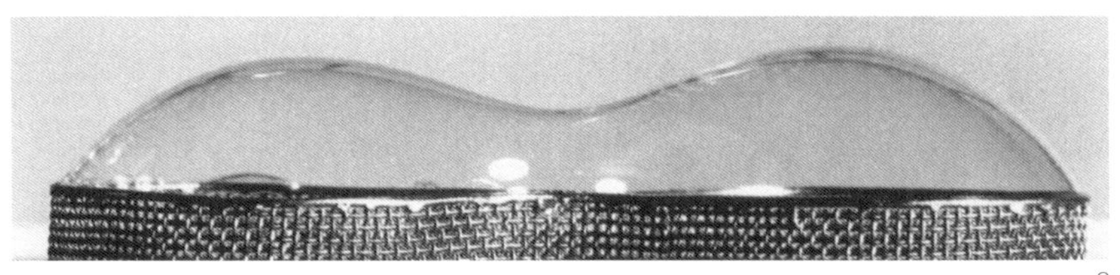

3

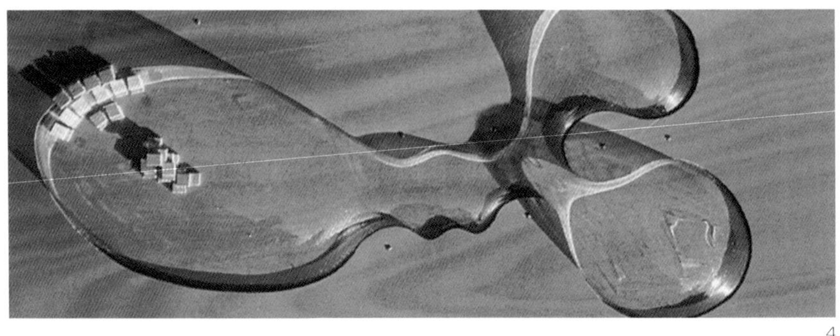

4

部，采用防水的方式固定，其轮廓可以是任何形状。然后通过底板上的洞向薄膜内注入刚刚搅拌过的制模石膏液，表面也涂上石膏液。石膏形成一层表皮，然后变硬。经过 45 分钟，模型就可以拿下来了，表皮也能揭下来了。石膏凝固的形式在很大程度上类似于同样形状的肥皂泡。这意味着橡胶薄膜中的膜张力在各个方向上也是大致相等的。根据这样的

图 1、图 2 充气石膏模型与悬挂网模型比较检测

图 3 哑铃平面肥皂泡。形成一个马鞍形连接的两个穹顶

图 4 充气丙烯酸的形状。关于为加拿大北部城镇增加透明薄膜屋顶的项目研究

5

实验，建造形状相同的充气大厅（air hall）就可以预测其膜结构有同样的张力，不仅没有褶皱，而且能让材料得到充分应用。当然，要想让充气大厅真正建成，还需要进行更多的测试，使用更大的充气模型，进行静力学计算，经过风洞实验等步骤。这种建模方式特别适合确定充气大厅和充水膜结构的形状。实验也可以进一步发展，在非常薄的石膏表皮上画出最终膜结构组成的条带，随后作为空间曲面作图的“底图”（painting ground）。

图 5 该组石膏模型由绳、网连接，起到增强作用，固定于较低位置。

采用悬链为悬挂结构找形的实验

采用纤细的悬链制成的模型，能够精确地再现以同样方式悬挂的绳子和线路，如高压电缆之类的形式。可以用密布的悬链呈现悬挂屋顶的形式，这种形式没有预张力，只通过自重实现稳定。此类屋顶现在广泛分布于世界各地，大多数的形式都是由链条模型决定的。人们早就知道，用链条描述的线（余弦双曲面），可以作为砖石建造的独立拱或大跨度穹隆的理想形式。从链条模型可以推导出那些以此为模型的拱和穹窿的形式。

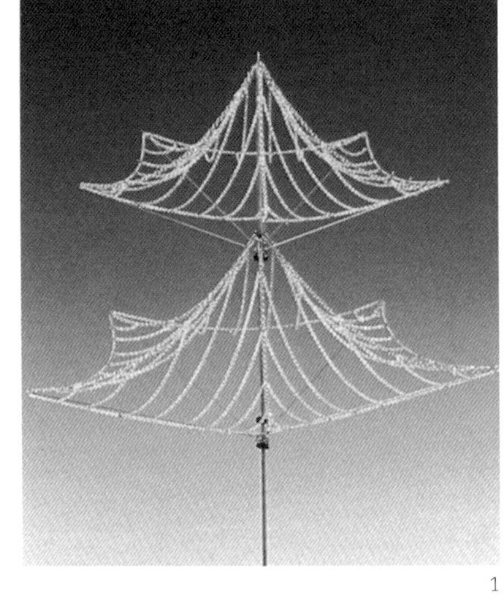

1

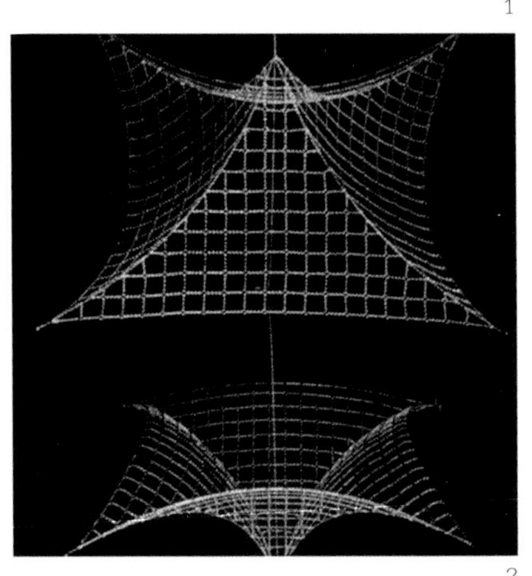

2

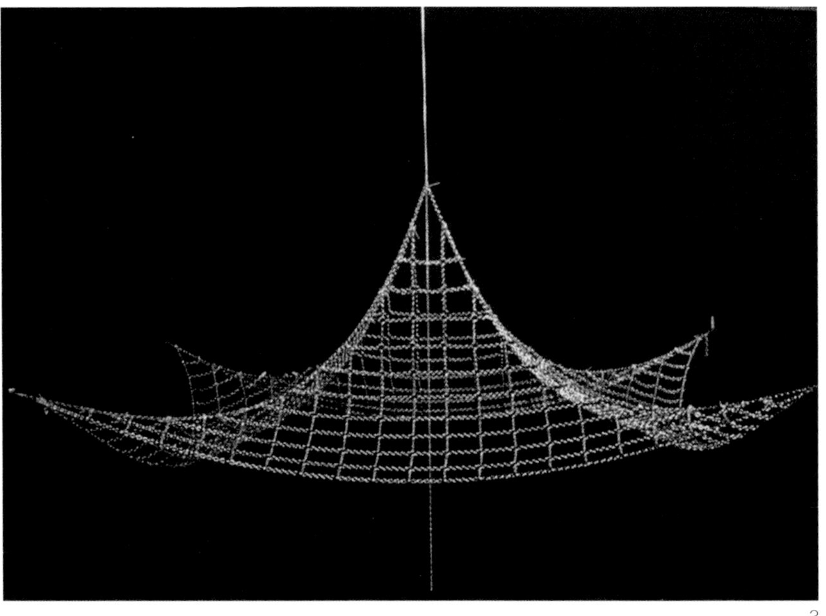

3

除了自由悬挂的独立链条，还可以用较小的链条或短棍固定在一起组成链网，具有较高的灵活性，尤其适于呈现较为复杂的形式。这样自由悬挂的网状物，为一种不可思议的形式开辟了新世界，即所谓的“重帐篷”（heavy tent），或者被称为重力悬挂屋顶。远东的寺庙和佛塔屋顶用的就是这种形式，其最初来源是具有灵活性的竹栅栏。如今可以用绳网制作这类结构，上覆木质或轻型混凝土的屋面。

图 1 研究悬挂屋顶重力的悬挂模型

图 2 由三角形片段组成的方格悬网悬挂模型及其反像

图 3 采用方格网链的悬挂模型，表现出亚洲屋顶的形状

通过倒置受拉悬挂形式制成受压拱形式的实验

用医用石膏绷带制作模型简单方便，其表达清晰，可惜精确度相对一般。首先将石膏绷带浸泡在水中或不断向其喷水，然后悬挂起来，就像一张柔软的皮肤；过几分钟就会变硬，随后即便倒置仍可保持这一形态。

就像线网从倒置到正立的状态可以表现出网壳结构的形式，石膏绷带可以表现围合闭合区域的壳体的形式，绷带最初是软的，随后逐渐变硬凝固。绷带在干的时候是很硬的，湿润了就变得非常软。显然，由于石膏绷带在倒置状态下不能承受压力，因此生成的形式算不上“理想的”倒置形式。但找到的形式能够用混凝土或木材等以更大的尺度建造起来。

采用其他制作方式（链网、承重的橡胶膜等）和计算机模拟可以获得更为精确的模型。对于网壳、拱顶和穹顶、吊顶墙体（ceiling wall）以及桥梁等结构而言，石膏绷带实验是找形工作中非常便利的工具。在很多情况下甚至能够用无钢筋的混凝土或石砌建造起来，因为其中没有拉力，或是拉力非常小。

倒置链网或由金属棍组成的网能够反映“正立”的刚性曲面承载结构，即网壳结构，也被称为网状拱顶（net vault）、网状穹顶（lattice dome）或是无屈曲壳体（flexion-free shell）。在节点处固定（如焊接或粘接）的短棒，形成灵活连接的网悬挂起来，组成网状壳体，正立后尤其稳固，承载效果好。

博多・拉希、弗雷・奥托和轻型结构研究所曾对类似的不同形式的倒置网和倒置壳体进行过数百次实验，并且重新演绎了历史上的倒置屋顶和拱顶。在德国［曼海姆多功能厅（Multihalle Mannheim）］、加拿大、美国、日本等地都有以链网研究形式，随后发展为网壳结构的实践。

4

5

6

图 4 ~ 图 5 以悬挂方式制作的石膏绷带模型，在干燥后倒置

图 6 倒置悬挂形，为正交拱顶找形

1

砂堆

火山、山脉中岩石堆、矿渣堆的形状都很类似，属于典型的渣土堆（spoil cone）。如果要准备建造堡垒、堤坝、防波堤，堆放渣土、垃圾，其先决条件是要了解渣土的自成形过程。将任何粒状物从一个固定的点倾泻而下，就会在其下的表面上形成一个物料堆。如果这些颗粒是从一个点漏出去的，在颗粒物内部就会形成一个倾角相同的漏斗，其角度是静止时的“自然”角度。静止后呈自然角度的渣土堆或漏斗表面是相对不稳定的。振动（地震、风、雨、交通）会导致渣土堆滑动或摇晃。然后使静止角缩小，让坡度变得更小，使土堆形成的结构更加稳定。静止自然角在民用工程扮演了至关重要的角色，如果遇到霜冻，遇热或下雨，土堆就会产生松动，表面有可能发生滑动。除了精确几何意义上的圆锥形，还会有无穷多种形式的渣土堆和漏斗。所有自然产生或通过技术产生的形式都可以通过实验生成。

砂子、细砾石或碎石屑都适宜作为实验材料，还有盐、糖和其他一些物质也可使用。只需要用上下两层相互平行的盘子制成简单的设备，就可以毫不费力地获得这一形式。砂子从上方盘子的孔洞流出，洞口上方就形成了漏斗，而下方盘子上则形成了砂堆。下方盘子轻柔的振动或倾斜会让其形状更平缓，更稳定。这一装置对于自然结构的科学调查很有用，例如可用于收集火山、碎石坡（scree）、沙丘、小山等在地震时稳定性方面的信息。装置的实验结果是生土、基础和水利工程等设计的基础知识。由于大尺度的艺术（大地艺术）常会用到砂堆，此类装置也可用于艺术设计。

图 1 流沙的漏斗和干沙形成的沙堆

2

3

4

5

6

图 2 ~ 图 4 正在流沙的漏斗和沙堆的形状由孔洞的排布位置决定

图 5 漏斗

图 6 在平铺的沙子上形成的沙堆。孔洞以有序的形式排列

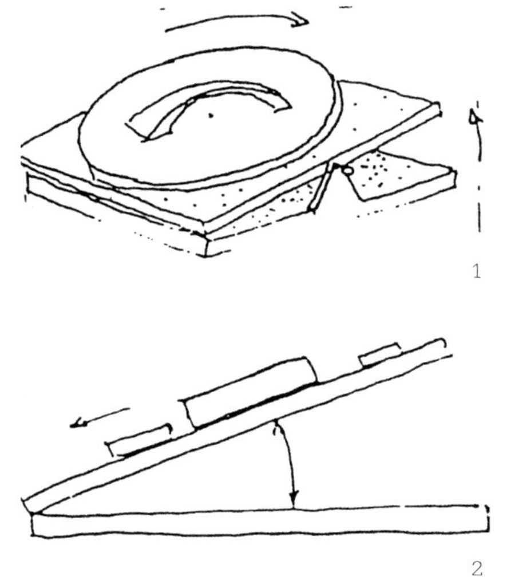

1

2

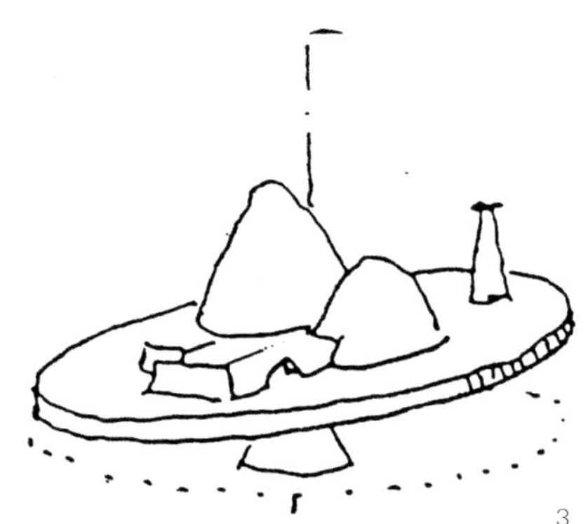

3

使用倾斜和旋转盘检测砖石结构稳定性的实验

检测建筑的稳定性，可以将建筑的等比例模型置于一个转盘上，然后进行倾斜和旋转。物体倾斜的方向上抵御倒覆的稳定性是最小的。对于砖石建筑而言，可以使用转盘确定局部的内部稳定性危险，例如在实验中有些建筑不会整体坍塌，而是局部倾覆。这类装置非常适用于研究高度稳定的砖石构筑物，如墙体、拱顶、穹顶、拱和塔之类的结构，还特别适于检测对地震特别敏感的构筑物的稳定性。

地震中，建筑之下的土地会急剧加速向周边无法预测的方向移动。建筑物的惯性质量会产生水平力，以静荷载的 a% 计算，并对建筑物的各个部分造成冲击。如果砌体建筑的模型在底盘倾斜到 20%~30% 的程度时仍未倾覆，即可证明其稳定性足以抵御强烈地震。该装置不但可预先洞悉地震对砌体建筑造成的危害，还可用于建造稳定且抗震的墙、塔、拱、拱顶和穹顶。

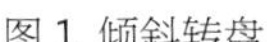

图 1 倾斜转盘

图 2 倾斜 30° 的转盘

图 3 带模型的倾斜转盘

图 4 带天窗穹顶的稳定性实验。照片中的结构在 40% 倾角的状况下将很快倒塌

图 5 方形首层平面的砖砌建筑正在进行稳定性实验，1993 年

4

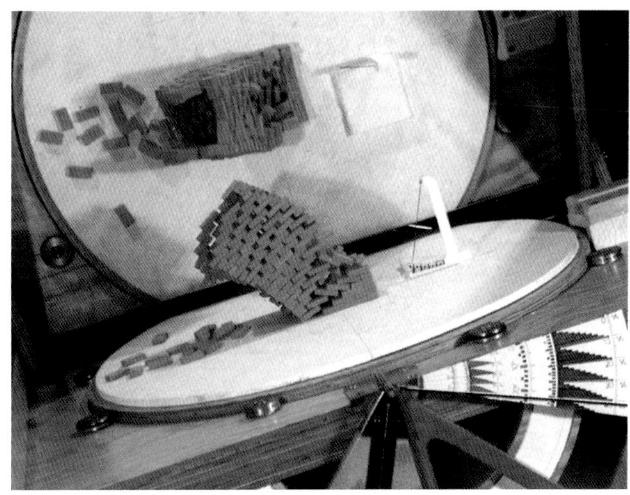

5

1

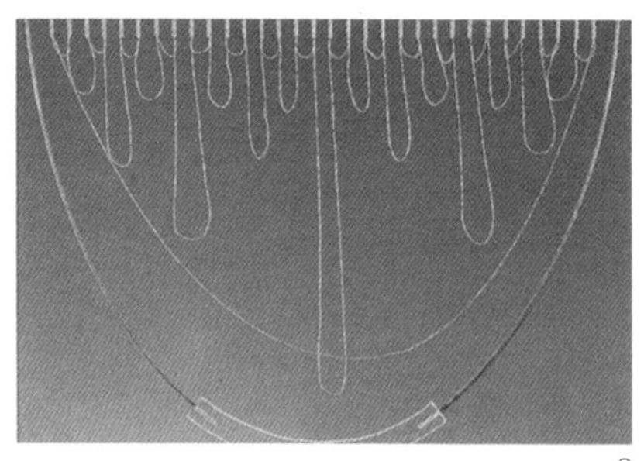

2

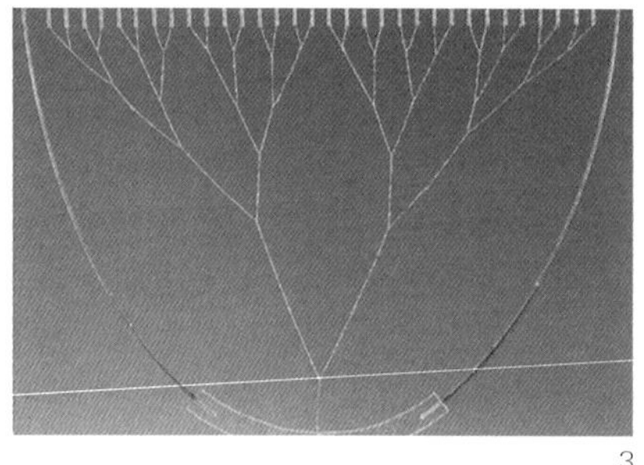

3

观测最佳路径系统和枝形结构

模型技术方式可以将直接路径系统（direct path system）呈现出来。其中每个交通起始点都通过直线（如橡胶线）与每个尽端相连。从交通的角度来看，这样的直接路径系统是很理想的，丝毫没有绕路。但直接路径系统的整体路径长度和占用的面积非常巨大的。从交通路线（人行道、自行车道、公路、铁路和高速公路等）上来讲，最理想的是最小路径系统（minimal path system），为此专门设计了实验装置进行观察。如果目的是为了观测路径系统和交通在制造、维护和运行方面的最低需求，最适合的模型是采用潮湿的线制成的“有限加长”（limited excess length）模型。可以看作是直接路径系统和最小路径系统中和的产物。让线在交通的起点和终点之间绷直，这表示直接路径系统；如果松松地固定，比如相比原来增加 8% 的长度，然后把线浸入水中（未加溶剂），这些线就会因为水的表面张力而捆到一起。经过这样的配置，经过捆绑的“交通路径”的长度比直接路径系统增加了 8%。但建设运输路线所需的面积及其总长度则显著减小了。一般仅相当于直接路径系统的 30% ~ 50%。而“最小绕路系统”（“minimal detours” system）则用于了解建筑能源需求和交通整体路径维护的最低值。

这种非常简单的实验步骤也可用于观察能量的传递系统，尤其适用于受压或受弯的细长杆件组成的网状结构。其会聚使得能量传输系统稍有扩张，但在材料方面效果更好，可以缩短有效长度和跨度。典型的枝型结构需要在特定环境下生成，其外观类似于落叶树的形式。这种非常简单的建模方法是弗雷・奥托在 1958 年发明的，1960 年在耶鲁大学加以完善，后来又经过多个工作阶段达到高度成熟的水准，近年来则由轻型结构研究所里来自克拉科夫（Krakow）的 Marek Kolodziejczyk 制作，随后转由 Atelier Warmbronn 工作室完成。

图 1 显微照片，线模型形成薄薄一层水，还有开放的分支二维的线模型可用于观测枝形结构

图 2 自由悬挂的线

图 3 捆绑的线，已蘸水

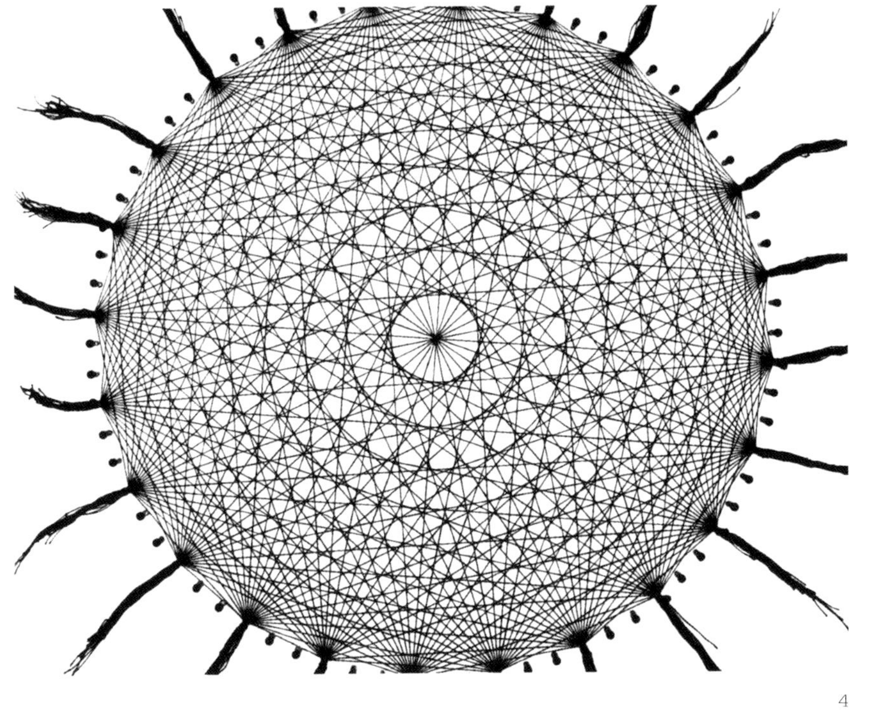

4

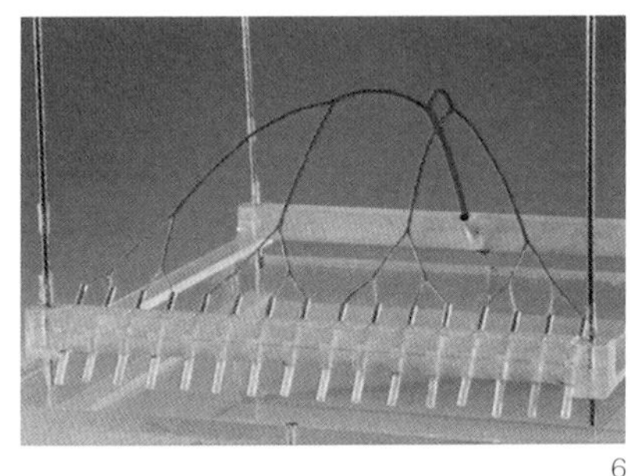

6

5

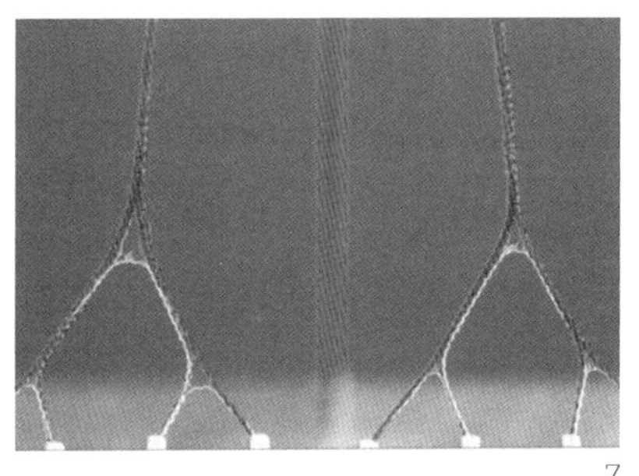

7

二维线模型

图 4 直接路径系统，每个点都与其他点相连

图 5 封闭网格的枝形结构，浸泡在水中就可以获得将绕行降低到最小的系统

图 6、图 7 三维线模型

以上模型均由轻型结构研究所的 Marek Kolodziejczyk 制成

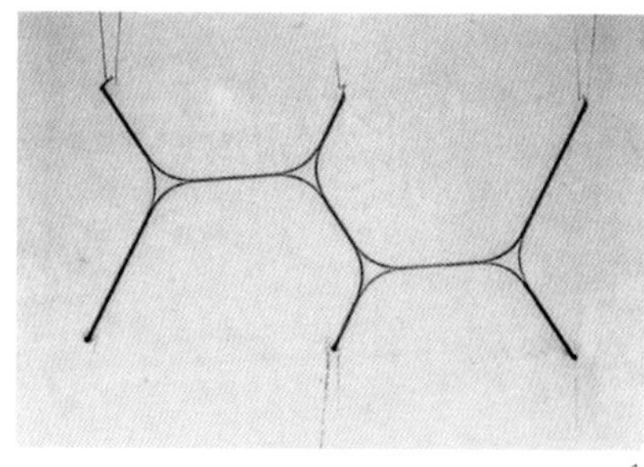

1

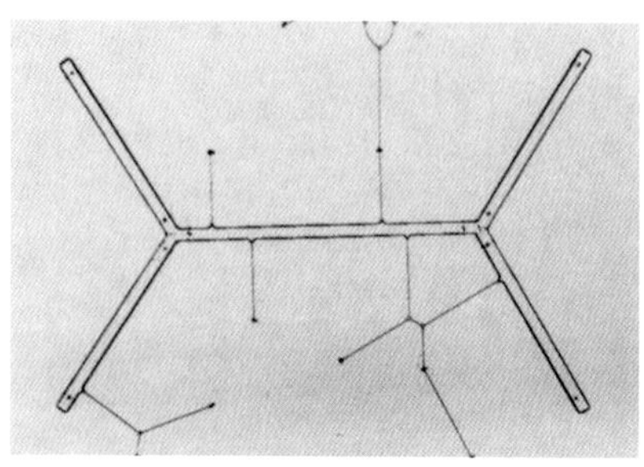

2

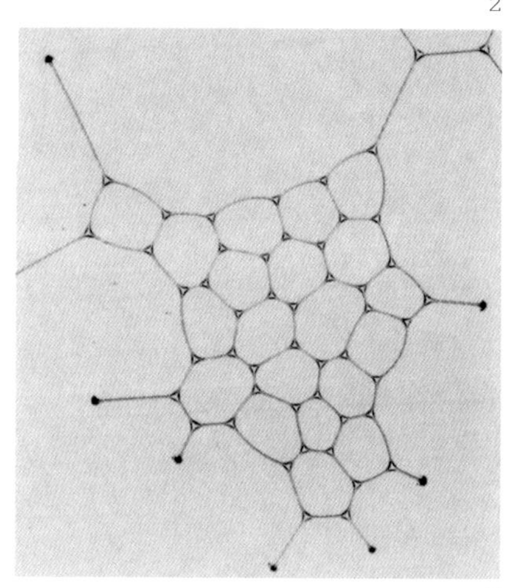

3

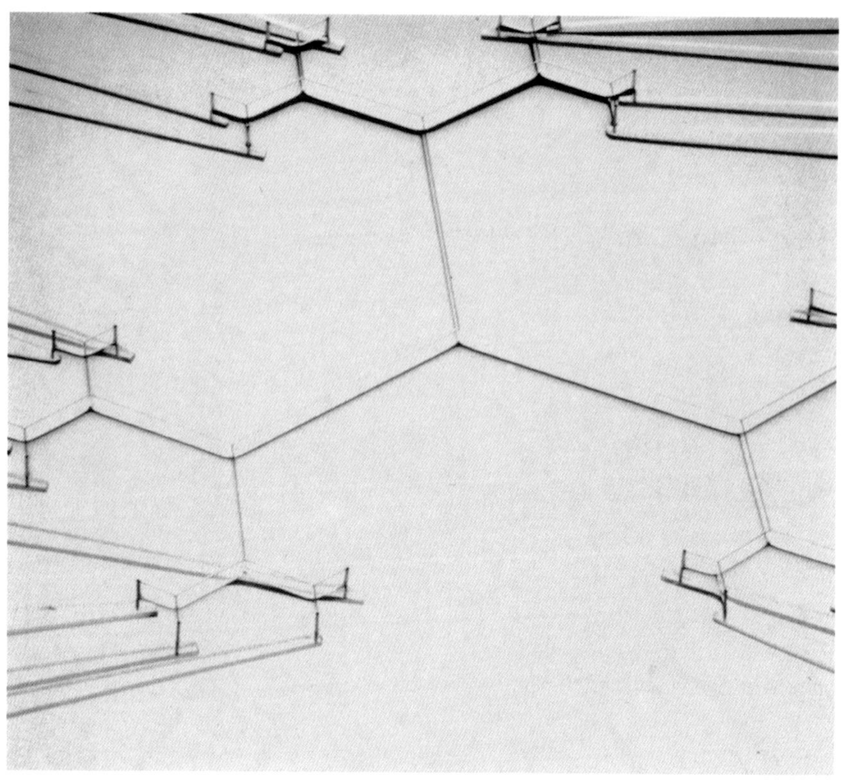

4

所谓的最小路径装置，可以准确地在几秒钟内确定任意多的点之间的任意条路径的最小路径系统。装置最关键的地方，是在一盆水的上空水平放置一片玻璃，从下面向着玻璃喷水。水中混合了少量肥皂液（清洁剂，泡特飞）。玻璃由可调节的细针自下方固定。针固定在细细的“手指”端部，可以在水盆边缘进行调节。如果水面缓慢下降，在玻璃板、水面和针之间就会形成肥皂泡。肥皂泡总是会收缩到最小表面积，因此称为最小表面结构。由于水面与玻璃板底面之间的距离是固定不变的，肥皂泡与玻璃底面接触的边线的长度就会降低到最小。这些线可从上方看到。可以通过照相的方式进行测量，并读入电子数据储存系统内。该装置由弗雷·奥托工作室于 1958 年在柏林开发使用，1964 年用于斯图加特大学轻型结构研究所。

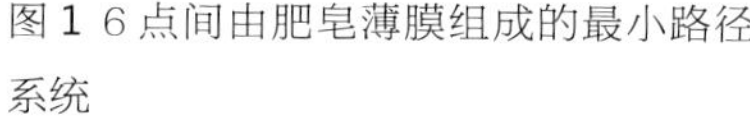

图 1 6 点间由肥皂薄膜组成的最小路径系统

图 2 两个等级的最小路径系统。一个最小路径系统由 4 点间的固定元素组成，其他最小路径系统与其形成 90° 夹角

图 3 封闭网格的最小路径系统

图 4 最小路径系统，最小路径装置内 24 点间的肥皂薄膜

模仿区域占据的实验

很多动物，也包括人，都有占领土地的行为。他们占据领地，加以保护，视为自己的财产。如果有一片非常的区域，只有一个占据者（人或动物），领地的选择就是随机的。如果有两个占据者，领地就会向边缘移动，让二者的距离尽可能远。如果有多个占据者，就会形成相当确定的形状。这种自由的领域占领机制也可见于海滩、草地和餐厅等地。

占据者尽可能靠近而产生的“吸引式”领域占据也很常见。用漂浮在水面上的肥皂泡就可以简单模仿这一过程。肥皂泡漂到一起，密集地堆积于底面上，经常形成六边形，有时也有五边形和七边形的形状。

在研究城市开发问题时，需要模拟各种特定限制区域内及各种密度情况下，排斥性和吸引性的空间占据同时存在的步骤。

例如在有机玻璃上刻出区域的轮廓，然后放在浅水盘中。用浮块让小磁棒（如磁针）处于直立状态，浮块在水上漂浮，使得磁极都位于顶部和底部。这样磁棒相互排斥,确保它们之间的距离最大。这些磁棒“占据者”按照“它们自己的”意愿漂浮到各自领域的中央，其精确性达到毫米级别，而无须借助外力。磁棒的磁力更大或一束较多的磁棒就能占据比磁力弱或数量少的磁棒更大的领域。

该实验措施也可用于模拟吸引与排斥相结合的占据情况，这种状况可能出现在村庄社区，人们出于经济或安全的考虑需要住得比较近，但又要和其他群体保持一定的距离。此时的吸引占据通过极化磁铁，产生异性相吸来实现的。

该实验方法可以确定优化路径系统和枝形结构中的路径占用情况以及产生的形态。

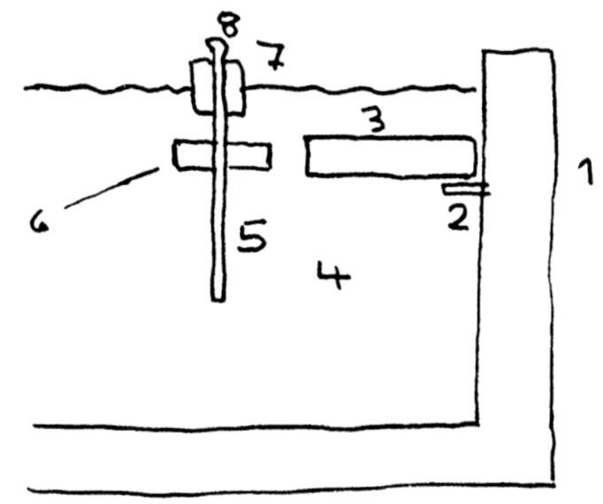

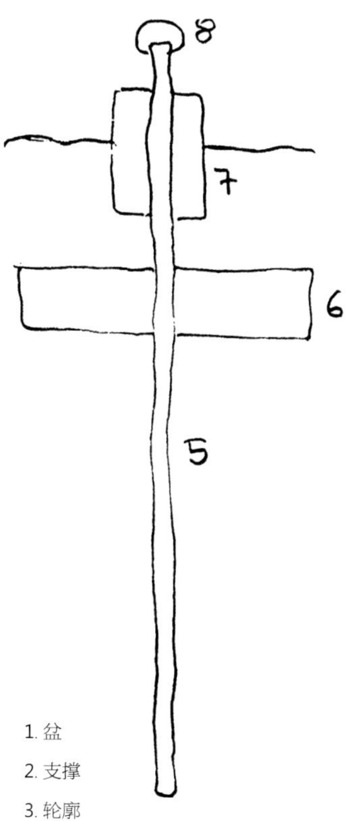

1. 盆
2. 支撑
3. 轮廓
4. 水
5. 磁针
6. 圆盘
7. 漂浮物（如泡沫塑料）
8. 发光端

图 领域占据模拟装置中的模型结构草图

帐篷结构

1

2

帐篷是人类建造的最古老的结构之一。数千年来曾出现在许多文明的居住活动中。帐篷有多重形式、结构和配备，可适应于不同的材料、气候条件以及社会结构。在历史上的各个阶段，帐篷作为一种结构形式都在发展，不断进行优化，从贝都因人的帐篷，到蒙古包（Asian yurt，图 1），再到北美洲圆锥形的帐篷（tepee），还有欧洲马戏团的圆帐篷。“经典”的形式在搭建帐篷的实践过程中不断发展，其技法也日臻完善。

帐篷，是拉伸的平面承载结构，由布料、织物或网构成。其结构包括一个或多个受压支撑和受拉薄膜。1950 年以后弗雷・奥托在帐篷结构领域所做的研究和拓展，为这一结构形式开启了全新的图景。弗雷・奥托是第一位检验形式和结构之间联系的，由此发现自成形最小表面对于帐篷结构的设计和形状的意义。

最小表面，是封闭边界内表面积最小的马鞍形曲面形态。帐篷表面通过在各个方向上相等的拉伸，相应地达到最小面积。其形状受自身形式规则的支配，而几乎不因设计者的横加干预而发生改变。形式和结构形成了没有错误且不可分割的整体。

弗雷・奥托引入模型和方法，研究并发展了自成形寻找恰当帐篷形式的做法，他使用成膜液体（肥皂液）以简单实验生成的最小表面，在规定的边界内自动产生形状，由此呈现建筑中膜和网的形状——当然这要扩大很多倍。

以下帐篷类型可根据其形式要素进行区分：简单的帆（图 6）是边缘支撑帐篷。力通过边部绳索传递到上部或下部的支撑点。

点式帐篷（pointed tent）由一点支撑，绳索或条带作为增强措施形成槽和肋，力沿此分布，通过被称为“眼”的绳圈或是通过“花环”（若干集合在一起的“眼”）。

拱形帐篷（arched tent）由受压拱提供线性支撑；膜确保拱的稳定，防止其倒塌。

驼峰帐篷（humped tent）采用二维支撑，力的分布是均衡的（由蘑菇形的薄片支撑），或是由独立的点支撑（单独的枝形撑杆）。

图 1 吉尔吉斯蒙古包，带有木格墙结构和木条组成的屋顶，外部覆盖绝热的毛毯和布。

图 2 北美印第安人的帐篷

3

5

6

4

图 3 一组点式帐篷，洛桑地区展览会上的瑞士馆

图 4 科隆联邦园艺博览会的小亭，1957 年，是帆与点式帐篷混合的产物

图 5 四点帆肥皂泡

图 6 四点帆，在两个高点和两个低点之前倾斜，为 1955 年卡塞尔联邦园艺博览会音乐厅

波浪帐篷（wave tent）是边缘支撑的膜，其表面形成平行或星球状的波浪。其混合形式和标准形式的种类同样多。

可以通过自生成找形过程发现成形元素，将其整合到最小面积成形过程的肥皂泡实验中。

弗雷・奥托和博多・拉希的所有帐篷结构都可以用肥皂泡模型生成。找形过程中还应用了其他模型建筑措施；采用尽可能薄的橡胶膜，尽可能薄的编织和机织的纤维、纱网、绳线和金属丝网。

也可以用计算机模拟拉力相等的物理模型。这种情况下通常使用“有限元”计算方法。由此生成的理想形式可经计算机处理至最终设计阶段。1970 年以后弗雷・奥托和博多・拉希设计的所有结构都是由计算机生成并绘图的——但也不拒绝使用更为可视化的实体模型。1966 年，在弗雷・奥托的建议下，克劳斯・林克维茨（Klaus Linkwitz）第一次引入了计算机模拟。

1954 年弗雷・奥托出版了他的论文《悬挂屋顶》（Das Hängende Dach），使得其研发工作能够为更广大的公众所了解。其中指明前进方向的基本原则经过建筑领域的转译，呈现为他和彼得・施特罗迈尔（Peter Stromeyer）合作设计的，位于卡塞尔（1955 年）、科隆（1957 年）和汉堡（1963 年）的园艺博览会中的三组帐篷结构。这些作为亭子和展区的结构都是所谓的“经典帐篷”，不仅形式很美，在材料使用和承载能力上也都做到了极致。

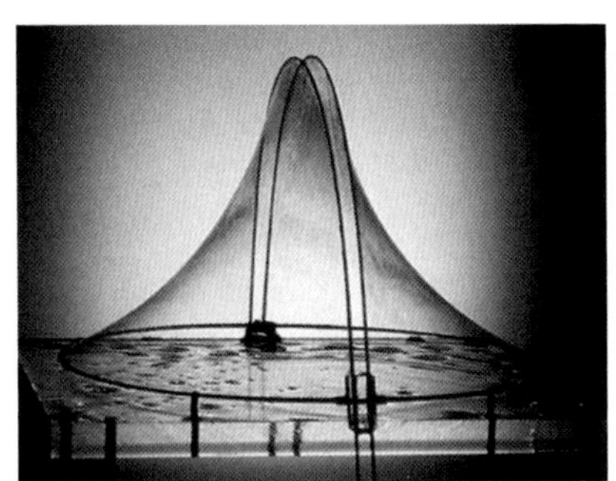

1

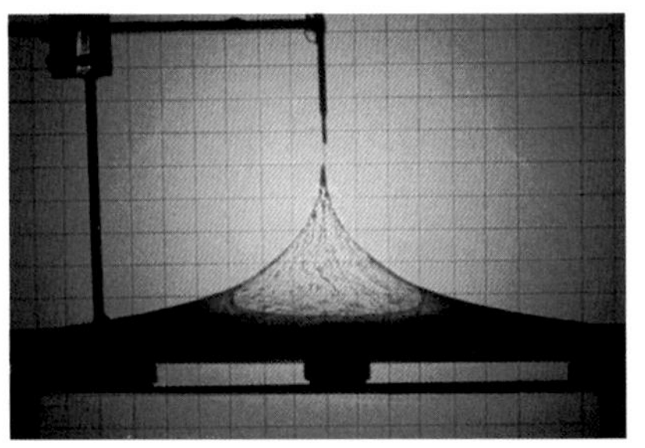

2

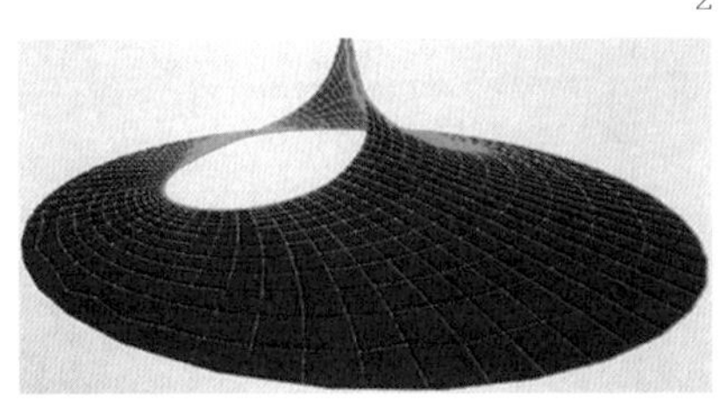

3

图 1 拱支撑薄膜的肥皂泡模型

图 2 膜表面以绳圈作为高点的肥皂泡模型

图 3 电脑模拟绳圈的最小面积

4

5

图 4 汉堡国际园艺博览会中，大型波浪形展厅的夜景，1963 年

图 5 平行波浪帐篷的肥皂泡模型

1

3

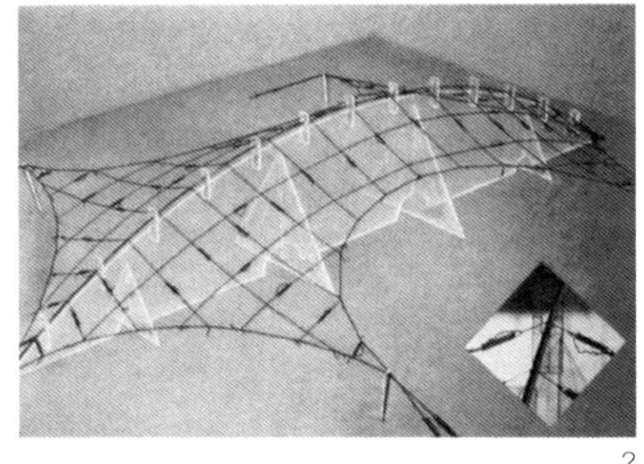

2

图 1 1957 年科隆联邦园艺博览会入口，被称为入口拱

图 2 科隆入口拱的钢丝找形模型和弹簧网

图 3 入口拱夜景

1957 年科隆联邦园艺博览会的入口为拱形支撑膜结构，被称为“入口拱”（entrance arch），距离很远就能看到，因此成为展览的“门户”（gateway）（图 1）。由于采用预应力膜确保稳定，受压拱可以做得非常薄。入口的横向跨度为 34m，进深为 24m，管径仅为 17cm（墙厚 1.4cm）。最初采用了一种半透明的玻璃纤维布作为帐篷的膜材料。两个小亭，一个是驼峰帐篷（图 4），一个是点式帐篷（第 77 页图 4），都位于莱茵河的堤岸上，作遮雨之用。

驼峰帐篷，是以两根桅杆支撑，有两个驼峰的膜结构，覆盖面积 180m^2。枝形支撑的端头有 19 根肋，由自生成找形过程发展而成，使得帐篷各处的拉力均等。

4

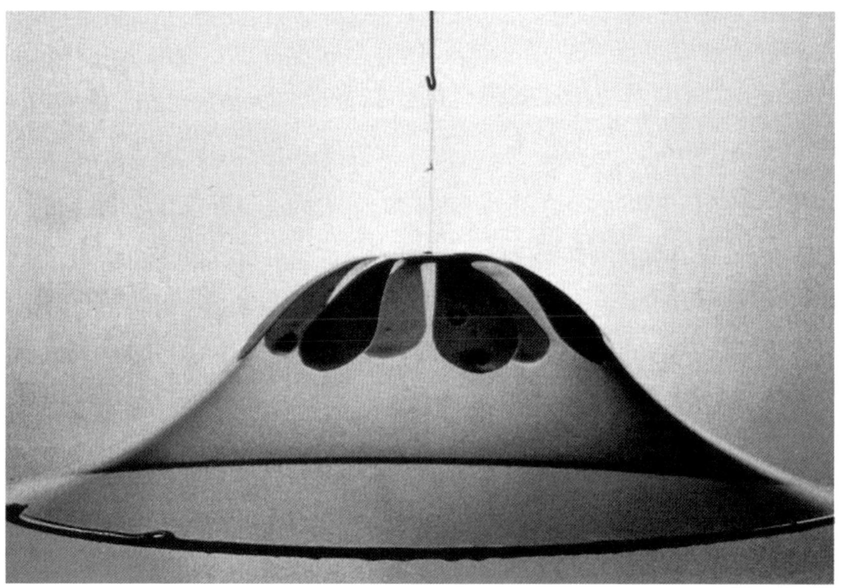

5

6

图 4 由双驼峰膜结构构成的小亭，位于莱茵河的堤岸上，1957 年科隆联邦园艺博览会

图 5 肥皂泡，因弹性薄板组成的驼峰发生弯曲

图 6 科隆驼峰帐篷的支撑，两个枝形杆

跳舞喷泉（图 4）是一个 684m^2 的星形帐篷面积，用作舞池。桅杆支撑的高点和自由牵拉的低点交替出现，使之成为从周边各处可见的地标。边缘上下起伏的动感和轻盈的结构，让屋顶看起来好像漂浮于喷泉之上。波浪状的星形外观，也符合这一场所代表的舞蹈的动感和轻松的氛围。

星形波浪符合肥皂泡模型确定的最小表面形状。其形式和组合为 6 根钢网格桅杆，已经达到传力所需的最低程度。尽管最初只是为了满足一个夏天的使用而建造的，但该帐篷矗立至今，只是最初的棉质帆布被替换成了涤纶布。“跳舞喷泉”（Tanzbrunnen）已经成为一处著名场所，很难想象科隆没有它会怎么样。

1

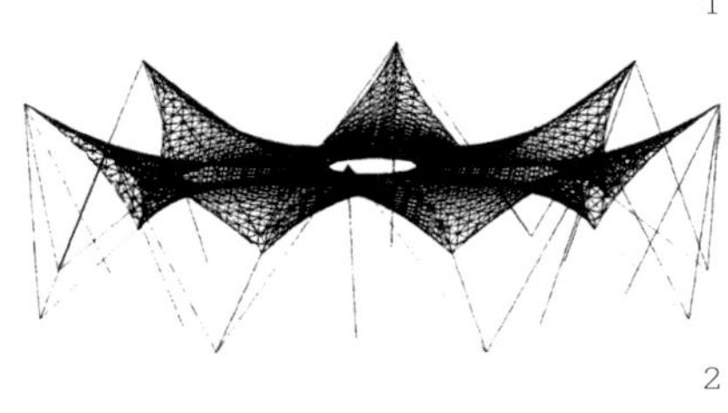

2

3

1991 年，博多・拉希和他的团队找到机会用更为先进的技术重现弗雷・奥托的“经典”帐篷。新的设计位于沙特阿拉伯的海滨宫殿群内，在弗雷・奥托的帮助下，帐篷从设计、制作、运送到安装，整个过程只用了短短 3 个月就完成了。对细部的极端重视实现了技术的最优化。形状的确定和剪裁都通过计算机完成，辅以多个薄纱模型进行测试和深化。

海滨住宅的私人部分有一个星形波浪帐篷（图 5），在花园平台上为自家遮阳。结构的跨度很小，面积仅为 150m^2，因此可以做成纯粹的织物结构。用高性能聚酯纤维带替换钢绳作为结构的肋、槽和边缘，并加上包边，阻挡太阳光的紫外线辐射。

织带和膜在拉伸过程中起到相互矫正的作用，结构所有组成部分的弹性保持一致，因此可以将细部高度整合，达到最小化。在安装和拉伸过程中，纯粹的织物结构表现出显著优势，也有利于发挥极限荷载下的结构性能。

图 1 科隆跳舞喷泉的肥皂泡模型

图 2 计算机生成的 Thowal 星形波浪帐篷

图 3 薄纱模型校检

图 4 科隆跳舞喷泉的膜结构，最初为棉布，后改用涤纶布

图 5 Thowal 星形波浪因跨度较小，为纯织物结构

4

5

2

1963 年，弗雷·奥托在汉堡园艺博览会中建造了棉布波浪帐篷的展厅。纯粹的形式以其轻盈和典雅，产生雕塑般的气质（图 1、图 2）。4 个十字波浪帐篷组成的结构系统，采用由 4 个高点和 4 个低点组成的星形波浪，每个展览面积为 125m^2（15m × 15m）。其中，高点由网格桅杆支撑，低点则为牵索固定。在桅杆端头对棉布膜采取加筋的增强措施，以应对集中的拉力。

Thowal 海滨宫殿的装配帐篷，占地面积 700m^2，用于接待官方来宾。该帐篷有 5 条轴线、中心对称，以通透而简约的形式恰到好处地体现了自身显赫的功能，而没有陷入形式的窠臼（图 3）。转角点降低到地面高度，以限定室内空间，而上升曲线的边缘向外延展，形成通往室外的通路，也引入了室外的景致。膜结构在桅杆顶部位置设有开口，引入空气和阳光。所有的部分都由不锈钢制成，以应对海湾气候的需求。膜为带有 PVC 涂层的涤纶布，外覆氟化物面层。

膜结构雨棚设有 5 个高点和 4 个低点，用作海滨住宅体育场观众席的屋顶。其借鉴了相对较小屋顶（180m^2）的建造原则，解决了大型体

图 1 十字波浪帐篷，覆盖棉布膜

图 2 汉堡国际园艺博览会巨大的波浪大厅，采用有 5 个高点的曲线形式，1963 年

图 3 Thowal5 轴波浪帐篷，由带 PVC 涂层的涤纶布制成，1991 年

1

3

育场看台制作屋顶的问题。为了让观众获得面向场地的宽阔视野，雨棚的前方由大跨度拱绳支撑，其跨度横贯整个面宽。边缘处高点与低点的交替分布形成了膜结构稳定的曲线形态。雨棚本身仍为纯粹的织物结构，由 PVC 涂层涤纶布制成，并采用涤纶织带作为增强措施。结构的外缘以环状织带作为拱绳。

弗雷·奥托为女王伊丽莎白二世在苏格兰阿伯丁附近的戴斯举行的临时活动设计了两个大小相似的庆典帐篷（图 5），另外一个为萨洛姆湾设得兰岛设计的帐篷（图 4）则没有建成。两个结构的设计都是可以

1

2

3

图 1 ~ 图 3 1991 年建成的 Thowal 体育场膜结构雨棚，纯织物结构

满足经常拆卸安装的需求的，就像马戏团的帐篷。阿伯丁帐篷（后来被放到了伦敦海德公园）占地面积 3300m^2，膜为扭转形式，由驼峰支撑和低点共同确保稳定性。而萨洛姆湾帐篷的占地面积为 40m×80m，由桅杆上悬挂的拉索固定，其解决方式简单，尤其适于抵御暴风雨。两者的材料都均为聚酯强化棉布，桅杆和拉索则为热镀锌钢。

4

5

6

图 4 薄片支撑的驼峰帐篷，位于阿伯丁附近的戴斯，1975 年

图 5 伊丽莎白二世庆典帐篷的设计模型，位于萨洛姆湾，1981 年

图 6 驼峰帐篷内景，首建于阿伯丁，后迁至海德公园

1

2

3

4

图1、图2 1973年研制的沙罗白帐篷可以遮蔽任意面积的区域

图3 雪中的轻型结构研究所帐篷

图4 沙罗白帐篷，摄于外墙拆除过程中

弗雷·奥托设计了一种非常灵活的框架帐篷——沙罗白帐篷（Sarabhai tent），根据其印度客户戈塔姆·沙罗白（Gautham Sarabhai）和吉莱·沙罗白（Gira Sarabhai）的名字命名。铝管和帆布组成的结构占地4m×4m。每个帐篷可以作为一个单元体，通过不断叠加，得到任意尺度的带有遮蔽的场所。

古代或土著人的帐篷，有不少是五颜六色、装饰丰富的。1985 年，Warmbronn 工作室做了一个涂色帐篷的研究模型，捐赠给“黄金眼”（Golden Eye）。帐篷将印度和美国元素结合起来，邀请印度的建筑师和设计师在印度生产制造，随后在美国展出并销售。其成果于 1985 年在纽约古柏·惠特国立设计博物馆（Cooper-Hewitt Museum）展出，膜结构由中央的树状支撑支起，因此帐篷的形式很完美，甚至无需对织物进行剪裁。

5

6

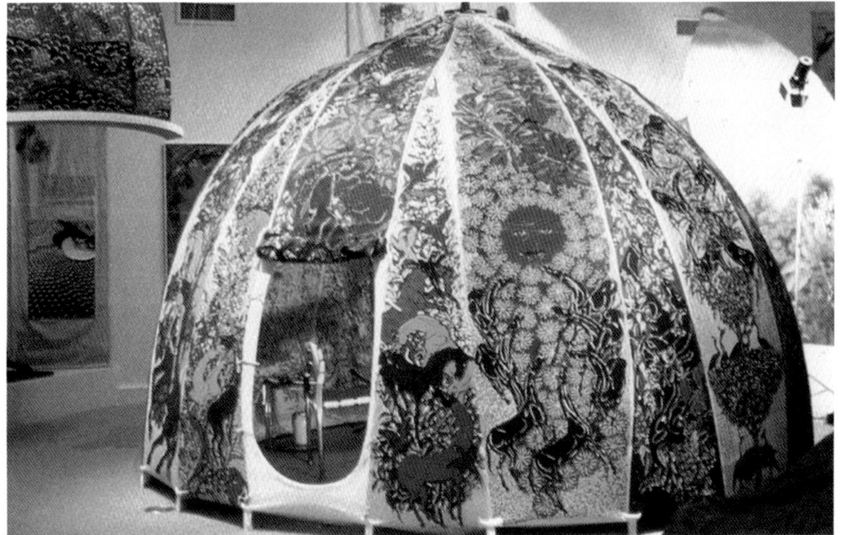

7

图 5 枝形支撑的亭子的设计模型，1985 年

图 6 从下面看

图 7 圆形涂色帐篷（捐赠给“黄金眼”），由 Warmbronn 设计工作室在印度制造、涂色。轻盈的藤条框架采用雨伞的形式建造，外覆棉布，上面的图案是在剪裁缝制之前就描绘好的，借鉴了印度传统纹样

1

这座彩色尖顶帐篷，被称为心之帐篷（Heart Tent），是利雅得外交俱乐部花园的“心脏”。其结构由起支撑作用的绳网和手工绘制的8mm后的安全玻璃面层组成。10个片段，每个都由200片独立的玻璃板组成，每片玻璃又都有其独特的色彩，相互组合形成精致的颜色渐变。这些图案由艺术家贝蒂娜·奥托（Bettina Otto）设计，设计过程借助了各种模型，最终分阶段用防紫外线涂料绘制而成。

花园中遍布异国风情的植物，棕榈林、喷泉和池塘在景色荒芜的沙漠和山脉之间形成一片绿洲。周边是一道用天然石材砌筑而成的弯曲的石墙，连接着这座宫殿式的建筑的各个空间。三个大型膜结构通过外墙联系到一起，形成接待、会议和庆典空间。墙体作为厚重的线性元素，与轻盈、通透的膜结构空间形成了鲜明而迷人的对比关系。

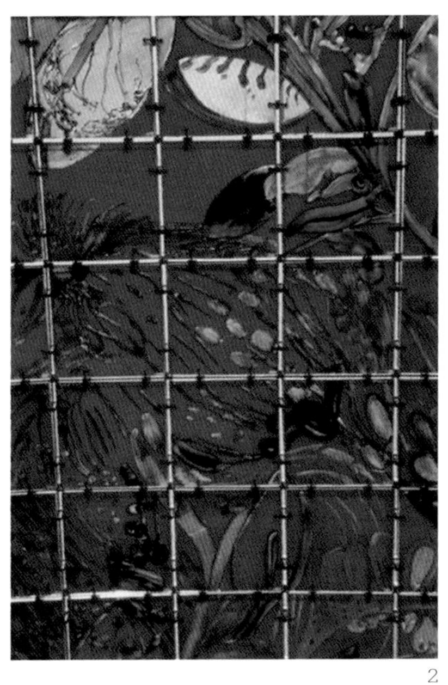

2

图1～图3 心之帐篷，由贝蒂娜·奥托设计并绘制，1988年

3

利雅得外交官俱乐部，沙特阿拉伯，1988 年

图 1 围合的墙体由利雅得的砂岩建造，帐篷上则覆盖着量身定做的玻璃纤维布

图 2 整个外交官俱乐部的建筑，现为 Tuwaiq 宫

图 3 从半圆形窗底部向上看，天窗盖住了膜结构与围合墙体交接处的上部

2

1

3

网状结构

1

2

绳网结构与膜结构帐篷遵循同样的原理，但在跨度上有很大区别。

如果对称网面上的绳索在节点处可以变化，就能形成单面或双面（马鞍形）曲面。网在制造时通常是平面的，通过在安装时预加拉力，形成最终的曲面形式。1963 年，弗雷·奥托第一次建造大型帐篷，是在洛桑举行的瑞士国家博览会上，与和彼得·施特罗迈尔（Peter Stromeyer）合作的瑞士 Neigh et Rocs 馆（图 2、图 3）。整组帐篷的跨度为 36m，规模庞大，不能采用一般的布料。由于项目的建造工期非常紧张，因此决定对棉布采取增强措施，临时用简单的设备将外覆 PVC 涂层的绳索连接为网，置于棉布膜下方。膜结构在此也有助于切割，网上的每个面都预先经过细致的确定。这一结构清晰地呈现了由纯粹的膜结构向绳网结构转变的中间阶段。

弗雷·奥托在项目实践的同时，也在从事基础研究工作。他的团队研究了自然界和技术层面的网状结构，通过实验进行找形确定，并研发出新的模型制作方法。该项工作的重要成果是完成了可快速预制大跨度标准网的研发。

网由机器预制，可在空中或地面安装，然后放置到桅杆上。选取的网格宽度为 50cm，是人不会掉下去的尺寸，因此在安装时也就不需要脚手架了。机器预制的条状网可实现快速安装，并方便运输。屋面表层可在网的上方或下方以悬挂、拉伸的方式固定，抵御外界气候。绳子直径为 8cm、12cm 和 16cm，相交处和端部的节点采用绳夹固定。这一研究成果逐渐发展到建筑实践中。在 1965 年举行的蒙特利尔世界博览会德国馆的设计竞赛中，由罗尔夫·古特布罗德（Rolf Gutbrod）和弗雷·奥托提交的方案，以绳网结构作为屋面，获得了第一名，在实施过程中，彼得·施特罗迈尔也参与了合作。

这座建筑从规划设计到三维空间面层安装完成，只用了 13 个月的时间。

图 1、图 2 1963 年建造的洛桑 Neigh et Rocs 馆，绳网对膜结构起到增强作用

图 3 该模型为若干织物膜结构支撑和绳网找形研究模型中的一个，弗雷·奥托和罗尔夫·古特布罗德由此获得了 1967 年蒙特利尔世界博览会德国馆的设计灵感

图 4 实验结构中的网，随后用于轻型结构研究所的建筑当中，由预制的条带组装而成

3

4

1

2

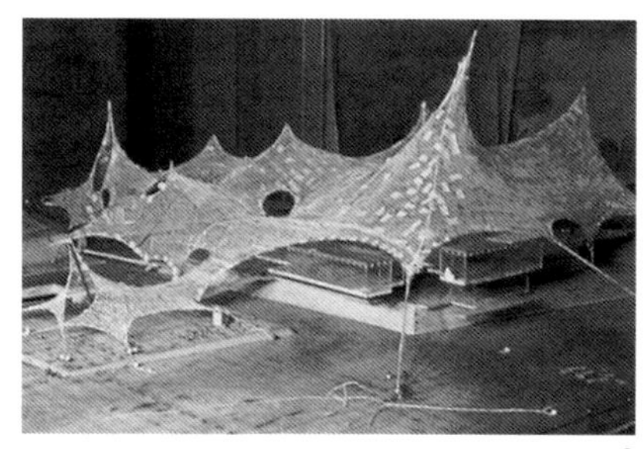

3

图 1 大型测量模型，蒙特利尔世博会德国馆，比例为 1∶75，用于确定最终形式，研究支撑性能

网由 12mm 粗的钢索制成，网格宽度为 50cm。康斯坦茨（Konstanz）的 L. Stromeyer und Co. 公司生产了 15m 宽的条带，然后成卷运往蒙特利尔。尽管北美有着严格的安全规范，但施工期间高空装配工作完全没有在下方设置安全网或脚手架。

绳网结构的交接点有 8 个位置较高，3 个较低，由高度从 14m 到 36m 不等的桅杆支撑，覆盖面积达 8000m^2。带 PVC 涂层的涤纶布悬挂于网下 50cm 处，起到遮风避雨的作用。展馆原本计划保留 2 ~ 3 年，但实际上这个建筑使用了 6 年，后来因为要在该场地举办奥运会帆船比赛而拆除。

设计过程中制作了大量模型，以探究这一绳网结构的形式和切割方式，其中包括肥皂泡模型，薄纱制作的形式研究模型和展示模型，金属线制作的测量模型和木头的实验模型。为了测量网线的受力情况，制作了 1∶75 的钢丝线模型，使用由埃伯哈德·豪克（Eberhard Haug）和弗雷·奥托在轻型结构研究所专门研制的测量工具。

弗雷·奥托接到委托后，会尽可能尝试设计建筑最重要的细部，从而满足建造的需求，并且控制材料，将用量降低到最低程度。蒙特利尔的网状结构用夹子作为绳网结构的节点，也是出于这一考虑：该装置被命名为十字夹（cross-clamp），需要做到既轻又没有棱角，方便卷起或展开绳网带。在 12mm 粗的绳子上每隔 50cm 放置一个夹子。

建造证明，该系统安装便利，价格合理，方便扩建而无危险，绳子和夹子都可以再次使用，因此在多个大型建筑中被用作连接系统。

展区的建筑物自由地摆放于场地中，其平面布局同样由弗雷·奥托设计。建筑物所用的预制镀锌钢构件，需要在室内空间设计完成前就进行预订才能在需要的时间内制成。因此采用了多层级系统，将天花板中用于传力的构件数量降低到最少限度，每个构件的承载能力为 $6kN/m^2$。其中最重要的条件包括快速安装，低净高以及合理跨度

4

图 2 分层木模型，用于风洞实验

图 3 薄纱展示模型，展现整个展馆全貌

图 4 由弗雷·奥托研发的十字夹，用于 1967 年蒙特利尔博览会

图 5 展馆局部，内为平台建筑

5

（最大为 7 组 1.25m 单元长度）。根据设计，这一系统可以充分满足展览需求，因为不需要在固定的点设置竖向支撑，展览可以不受支撑位置所限。通过对上下条带的划分进行调整，来应对不规则摆放的支撑所产生的不同荷载。

1

图 1 正在安装的展厅网状结构

图 2 建筑建成后的全景。展厅根据弗雷·奥托和罗尔夫·古特布罗德 1967 年的竞赛方案而建

3

4

5

2

图 3 带有 PVC 面层的涤纶布悬挂于网格下 50cm 处，形成膜结构屋顶

图 4 插入的平台结构的支撑帽模型

图 5 室内低点入视。窗子区域为透明薄片，与周围的屋顶面层采用弹性方式连接。这一细部是后来慕尼黑奥运会屋顶的原型，后者采用预应力丙烯酸玻璃片与软塑料外框相结合

1

1966 年，为了测试和安装蒙特利尔展馆的结构，弗雷·奥托在斯图加特韦兴根的大学校园里建造了一处实验性结构，他将其尺寸（覆盖面积为 $460m^2$）调整为蒙特利尔展馆面积的 7/10，打算随后将这个网状结构的支撑体系供自己在 1964 年成立的轻型结构研究所（IL）使用。

这一不可分解的曲面屋顶被尽量缩减到所需的最低限度，其组成部件包括：网格大小相同的受拉钢网；以铰接支撑的受压钢管桅杆；灵活的受拉边缘；12 个牵拉点同样被分为受压和受拉组件。

网格的宽度为 50cm，预制为 4 个条带，在现场组装为两两对称的形式，悬挂在边缘的绳子上。吊车将钢管桅杆竖起，随后临时以缆绳牵拉。脊线和眼的边缘绳索固定于桅杆顶部，网被均匀而缓慢地提升到桅杆上。通过液压提升桅杆并在锚点施加拉力的方式对网施加预应力。桅杆底部设有砂桶，用填实的砂子将其固定于此。

2

图 1 实验结构的肥皂泡模型，这一后来研究所使用的建筑，实现了限定边缘条件下的最小表面

图 2 线模型的二次曝光照片，呈现了网在承受荷载时的变形

3

4

5

6

图 3 屋顶面，悬挂于网下 50cm 处，检验膜结构的悬挂性能

图 4 吊车正在吊装桅杆，随后临时以缆绳牵拉

图 5 以 4 个条带组装的网，悬挂于脊线和眼的边缘绳索上

图 6 实验建筑，纯粹的网状结构

2

1

这座实验建筑在建成两年后被拆除，运到 2km 以外，经过扩建成为轻型结构研究所基地的一部分。

网面拆掉后，从边缘开始折叠，卷到桅杆旁，用吊车运到新基地。然后用一天的时间重新搭建起来。随后盖上屋顶，周边全部以弧形的玻璃幕墙围合，成为研究所的一个房间。

研究所的这个建筑，是少数得到长期使用的帐篷，在弗雷・奥托的作品乃至 20 世纪建筑中都占有重要而独特的地位。在长达 25 年的时间里，这里都是持续进行研究和教学工作的地方，成为弗雷・奥托指导下著名的轻型建筑的摇篮，吸引世界各地的参与者来到这里，举行各种研讨、会议和大型庆祝活动。

3

4

图 1 为了便于运输到新基地，网被散开，从边缘卷到桅杆周围

图 2 在新基地，网用同样的方法重新展开

图 3 为第一层木质面层安装支撑丝网

图 4 轻型结构研究所的屋顶，位于韦兴根的斯图加特大学校园里

图 5（第 106 页）研究所室内

图 6（第 107 页）该建筑作为登记保护建筑，于 1993 年进行了修复。屋顶、地面、玻璃外墙，还有屋顶上的开窗（“眼”）都得到了更新。修复计划及现场指导由博多·拉希建筑事务所完成

5

6

1968 年初，弗雷·奥托接受委托，和贝尼施及合伙人事务所（Behnisch und Partner）合作参加慕尼黑奥林匹克建筑的竞赛，根据后者提供的方案设计了屋顶结构。

贝尼施的设计以蒙特利尔德国馆的绳索结构为原型，因而只有弗雷·奥托和他的团队参与进来才能实现。弗雷·奥托为此做了大量的前期设计工作，制作了多种细部模型，并完成了项目可行性测试工作。1968 年 5 月完成的整个项目的薄纱模型（图 3）成为最终确定方案，当然，随后有些局部设计进行了调整。

1

2

3

进行上述结构设计的过程中，轻型结构研究所研发了新的数学和测量计算方法，作为模型建构的补充技术。

工程师对网、支撑和拉索的受力情况进行了初步计算，将这一结果与设计模型的几何数据结合，再进行细部和静态模型计算，设计出 1：125 的测量模型。测量模型得出的力和应变可直接等比例转译，应用于找形，所依据的数据包括在所需表面张力、支撑和锚固力下的整体支撑性能，及承受自重、雪荷载、风荷载状况下的荷载和应变情况。

慕尼黑奥运场馆屋顶，1972 年

图 1 体育场室内。网格宽度为 75cm，上覆丙烯酸玻璃片

图 2 全景

图 3 用于设计和展示的薄纱模型

4

为测试每个网格（包括组成方格的四条线缆）中的力，专门制作了相应的机械，最初是对在蒙特利尔展馆设计中应用的设备进行了改造，后来由轻型结构研究所的于尔根·汉尼克（Jürgen Hennicke）和弗雷·奥托一起专门进行改造，增加了刻度盘（dial gauge）。

模型采用照片测量，并用一个三维测量台辅助记录选定坐标区域内的空间状况。用若干固定的林哈夫相机（Linhof camera），以二次曝光照片记录受到荷载前后的情况。通过照片确定荷载造成的拉力。

7

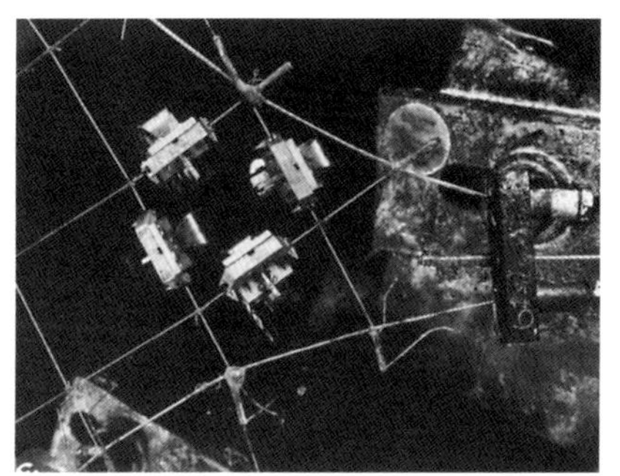

5

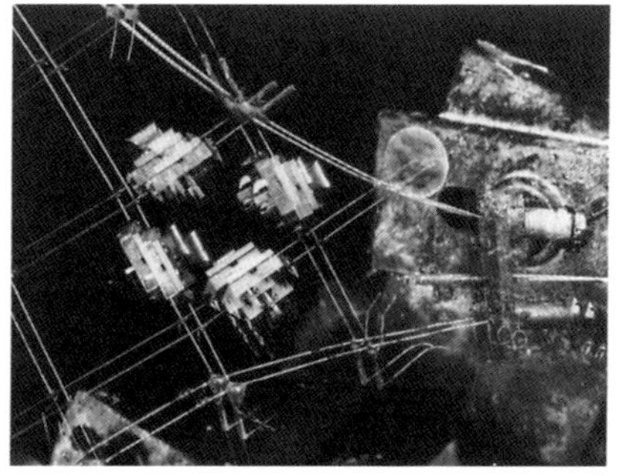

6

图 4 体育场屋顶的大型测量模型。模型由弗雷·奥托和他在轻型结构研究所的团队制作

图 5 测量模型的网的边缘悬挂着刻度盘

图 6 二次曝光呈现出钢丝网在承受荷载时的形变

图 7 测量模型局部，网的边缘

1

2

3

慕尼黑海尔布隆（Hellabrunn）动物园的鸟舍网如同一袭轻柔而若隐若现的面纱，覆盖着溪畔茂密的草坪，参天的大树环绕四周。网的样貌随着季节变化，光感也在不断变化，仿佛已经与自然融为一体。

其网格非常细小，只有 60mm × 60mm 见方，整体覆盖面积却达到 4600m^2，有大约 20 种不同种类的禽类在这里自由飞翔。网由 10 根桅杆支撑，悬挂在夹板盘上。

网由 3.5mm 粗的不锈钢丝制成，经过计算，最大可承受 35kg/m^2 的雪荷载，破坏荷载为 22t/m。首先在地面上将条带焊接在一起，然后由桅杆挂起，进行组装，最后将组装时为树木留出的洞口封闭好。

图 1 薄纱设计模型，呈现了慕尼黑海尔布隆动物园鸟舍全貌

图 2 鸟舍网仿若无物，图中可以看到的似乎只有一个支撑低点

图 3 该鸟舍建于 1979 ~ 1980 年，由耶格·葛瑞博（Jörg Gribl）和弗雷·奥托设计

图 4 鸟舍网在阳光照射下熠熠生辉

4

1

3

4

2

1980 年建成吉达（Jeddah）运动馆，其支撑结构为绳网结构，和慕尼黑的网状结构非常类似。屋顶形式由肥皂泡模型确定，第一个设计模型为细铜链制成（图 1），呈现了最初构想的结构，其悬挂绳网屋顶内设有木构件，上覆板瓦。最终确定的形态采用细聚酯丝模型，呈现出运动馆与周边开发项目的充分融合。这个屋顶覆盖了运动区和观众区，面积达到 7500m^2（最大尺寸 110m × 80m）。8 个 30m 高的钢管支撑着格网一致的钢索网，网的内外侧均有覆膜。

图 1　吉达运动馆，根据细铜链设计模型建造

图 2　运动馆内景

图 3　全馆外景

图 4　建造中的运动馆内景，尚未搭设内膜

1

2

3

1974 年，Warmbronn 工作室研制了一个具有最小表面的冷却塔，并制作了模型，该建筑采用悬链曲面形式，被称为“表面积最小的塔”。中央桅杆为带有 7 个支架的枝形支撑，最高的和最低的绳索之间采用网或是膜表面。在肥皂泡找形实验中，桅杆的高度和环的直径决定了塔的形式。

绳索结构可以用作多层悬挂建筑使用，并采用三维框架和空间曲面屋顶结构。

弗雷・奥托从 1961 年开始进行悬挂建筑的模型研究，这也是他为三维框架和网架结构经济可行性所作的大量研究中的一部分。悬挂住宅的支撑系统包括受压的中央桅杆和受拉的钢索，7 层楼面都是处于悬挂状态的。

悬挂的框架系统效率非常高，因为压力可以集中到少数几个支撑上，支撑通过较粗的断面来避免屈曲。

这是形式最简单的悬挂框架，将受压并受弯的支撑框架反转后，就能得到竖向绳索仅承受拉力的悬挂结构。

图 1 绳网冷却塔最小表面积形式模型研究

图 2 最小表面积

图 3 中为桅杆周边拉索的悬挂建筑研究模型

充气结构

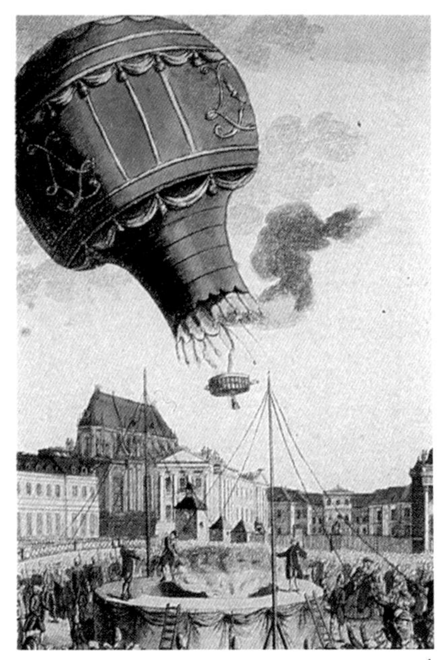

1

2

图 1 孟格非热气球，历史图片

图 2 热气球

充气结构的建筑被称为充气大厅。充气结构由膜组成，是一种由气压支撑，并产生预应力的系统。由于空气是充气大厅的支撑要素，它也是目前已知最轻的结构。追溯充气结构的发展，最早可以上溯到孟格非（Montgolfier）发明的热气球，在气压低的时候可以固定在地面上。而最接近我们现在认为的充气结构的记载，最早来自英国的汽车制造商弗雷德里克·威廉·兰彻斯特（Frederick William Lanchester），他想到用帐篷内部的气压来支撑帐篷，并在 1917 年申请了第 110339 号专利。我们不知道兰彻斯特到底有没有实现这个想法。他不仅想到膜是要充气的，也想到使用绳子和网来支撑膜，就像来固定和放飞气球那样。但在当时，兰彻斯特的成果和理念并没有得到建筑领域的关注。用内部气压支撑帐篷的这一革命性理念在当时看来可能没什么把握，太不合乎常理了，也就没什么人拿它当真。时至今日，充气大厅已经得到了越来越多的重视。充气结构可谓达到极致的轻型结构。从技术上说，它也是帐篷结构，是由气压而非杆件支撑的帐篷结构。在此之前，从来没有人把空气看作支撑构件并将其视为真正的建筑材料。充气大厅是近百年来建筑技术领域少有的基础性创新。除了帐篷，即使拱（包括壳体）和梁柱结构都很难说是可堪比拟的建筑类型。

20 世纪 50 年代充气大厅得到发展并真正实现，几乎在同一时间内，沃尔特·伯德（Walter Bird）在美国，弗雷·奥托在柏林都进行了这方面的研究和设计，而两人在开始此项工作时都不知道早前兰彻斯特的成果。沃尔特·伯德是一名航空兼飞机工程师。在 20 世纪 50 年代，美国政府计划扩大其在北美大陆北部，尤其是在阿拉斯加和加拿大的雷达防护范围。因此需要建造很多大型可旋转的圆盘状天线，但这些天线很难承受风雪冰霜的负荷，因此需要设计一些坚固的穹顶罩在天线外面，这些被称为天线穹顶（Radom）的房子由巴克敏斯特·富勒（Buckminster Fuller）的团队研发，主要是将钢或铝的网格与塑料覆盖层结合到一起。沃尔特·伯德建议将充气的半球形气球罩在天线外，固定在地面上。这个建议不是建筑工业层面上建在地面上的房屋，而是从包装工业的概念出发，为天线罩一个塑料袋，然后在里面充气。这种方式还有一个好处，是没有小型金属零件，不会干扰超短波的接收。

1954 年，第一个天线穹顶建成并充气，沃尔特伯德自己建立了伯德充气（Birdair）公司，并很快把它发展成一个全球领先的充气大厅制造企业，后来还把业务扩展到杆件支撑的帐篷领域。

弗雷・奥托在这方面的探索几乎与沃尔特・伯德同时，但他并不知道后者的情况，迈出的步伐也更大。早在 1952 年（参考文献:《悬挂屋顶》)，他就开始研究充气后的铝膜。在后续的研究中，奥托为施特罗迈尔帐篷公司（Stromeyer Zelte）制作了帐篷。他发现，如果不断从内部对杆件支撑帐篷施压（比如有外部风吸力的情况），就是去掉杆件它也不会倒。他据此得出结论，如果继续施加风吸力（在没有风的时候就用风扇）以保持帐篷的内部压力，就无须使用杆件。他从 1956 ~ 1957

3

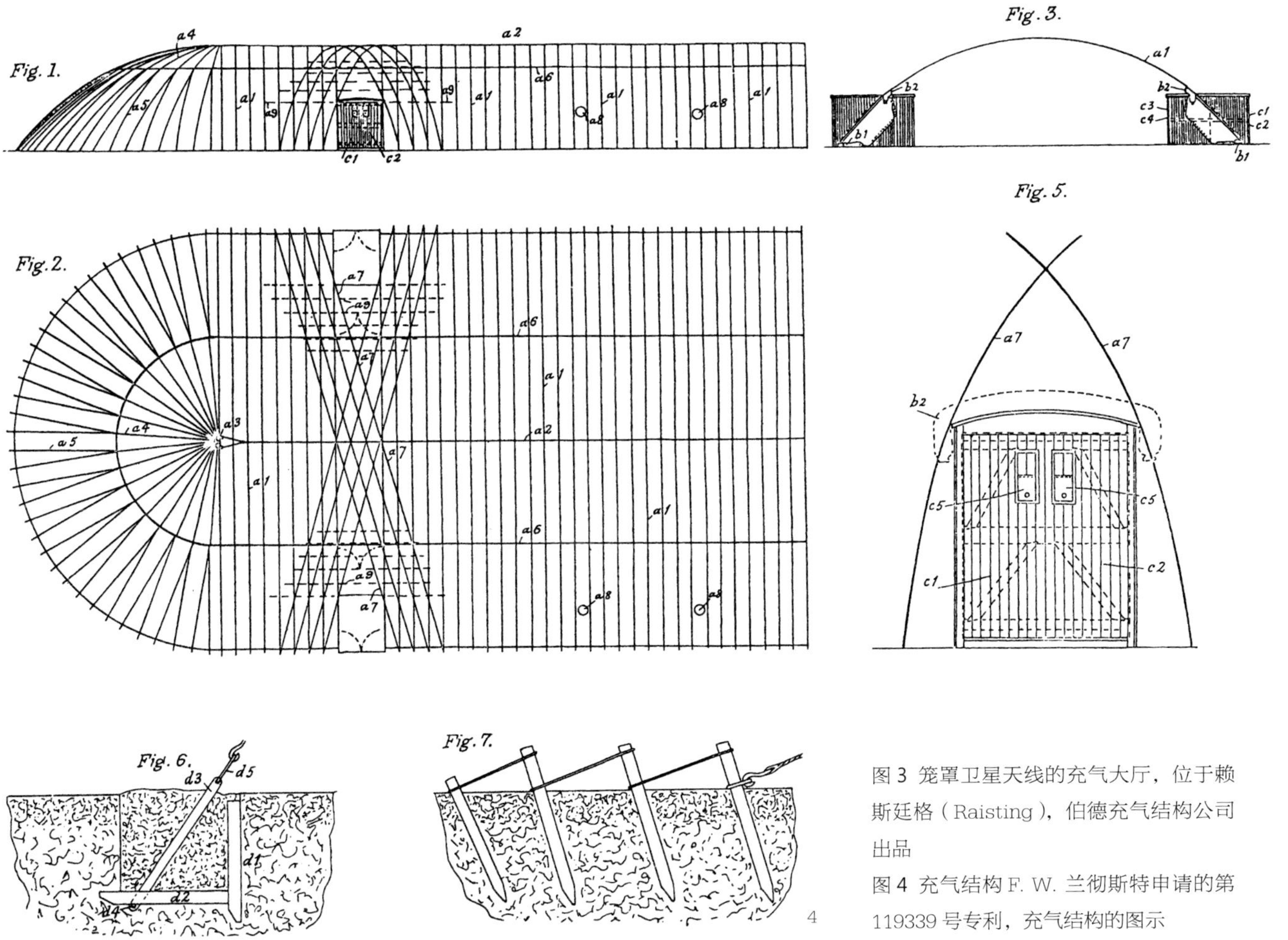

4

图 3 笼罩卫星天线的充气大厅，位于赖斯廷格（Raisting），伯德充气结构公司出品

图 4 充气结构 F. W. 兰彻斯特申请的第 119339 号专利，充气结构的图示

年开始提出风支撑帐篷，计划建造首座采用空气支撑帐篷的工厂，使用的是直径达 800m 的树形穹顶 [参考文献:《弗雷 · 奥托，跨越》（*Frei Otto*，*Spannweiten*），C · 罗兰（C. Roland）著]。另有一项建议是施特罗迈尔计划，他提出为 1958 年在鹿特丹举行的荷兰国际园艺博览会（Floriade）建造一座展厅，但这项计划没能实现。

1958 ~ 1961 年，弗雷 · 奥托与他的同事西格弗里德 · 洛泽（Siegfried Lohs）、迪特尔 · 弗兰克（Dieter Frank）、埃瓦尔德 · 巴布纳（Ewald Bubner）一起，通过与数学家和结构工程师鲁道夫 · 特罗斯特尔（Rudolf Trostel）密切合作，完成了大量基础性的研究，并于 1962 年出版了重要著作《张拉结构》（卷一）（*Zugbeanspruchte*

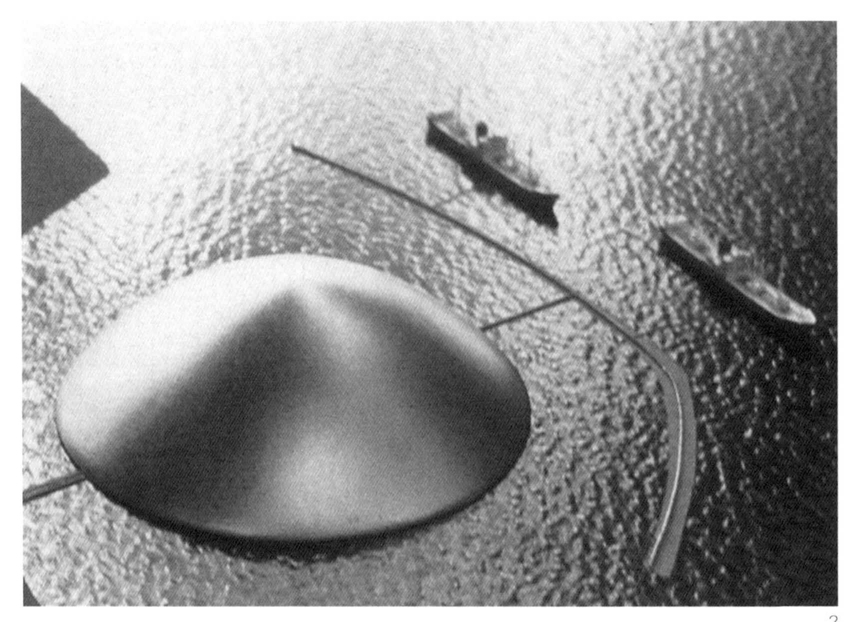

图 1 三个充气支撑穹顶组成的工厂，1958 年设计

图 2 半球形充气结构设计，像块大石头

图 3 1958 年鹿特丹荷兰国际园艺博览会展厅。该设计中的充气结构由绳网加强的六边形网格作为加筋支撑

4

Konstruktionen Band Ⅰ)。本书收录了迄今所知的所有充气结构，有方形、长方形等各种平面形式，甚至还有漂浮的，有温室，有澡堂，还设有室内排水系统，其大小面积不受限制，可以是为一座房子加个外壳，也可以实现用充水或充气结构建造大坝或进行防灾等多种用途。

随后一段时期的实践工作超过了研发工作。美国、德国、英国、法国、日本等地的建筑师和工程师在短短几年内建造了近 20000 个仓库、运动设施（尤其是室内游泳池、室内网球场、体育场屋顶等）温室、展厅。除了少数比较正规的项目，建造过程大多缺乏基础知识，即便是那些先驱者也是如此，因此在暴风雨来临后损失惨重。1968 年的一场

图 4 充气大厅的形式研究，内设排水系统
图 5 由十字交叉线固定的充气结构的塑料模型
图 6 由十字交叉线固定的肥皂泡模型

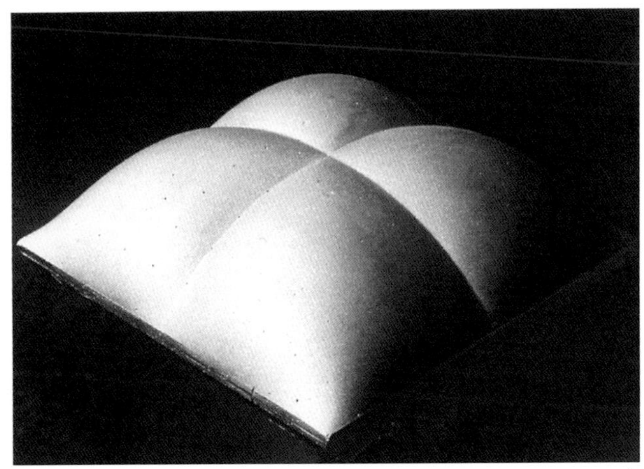

5

6

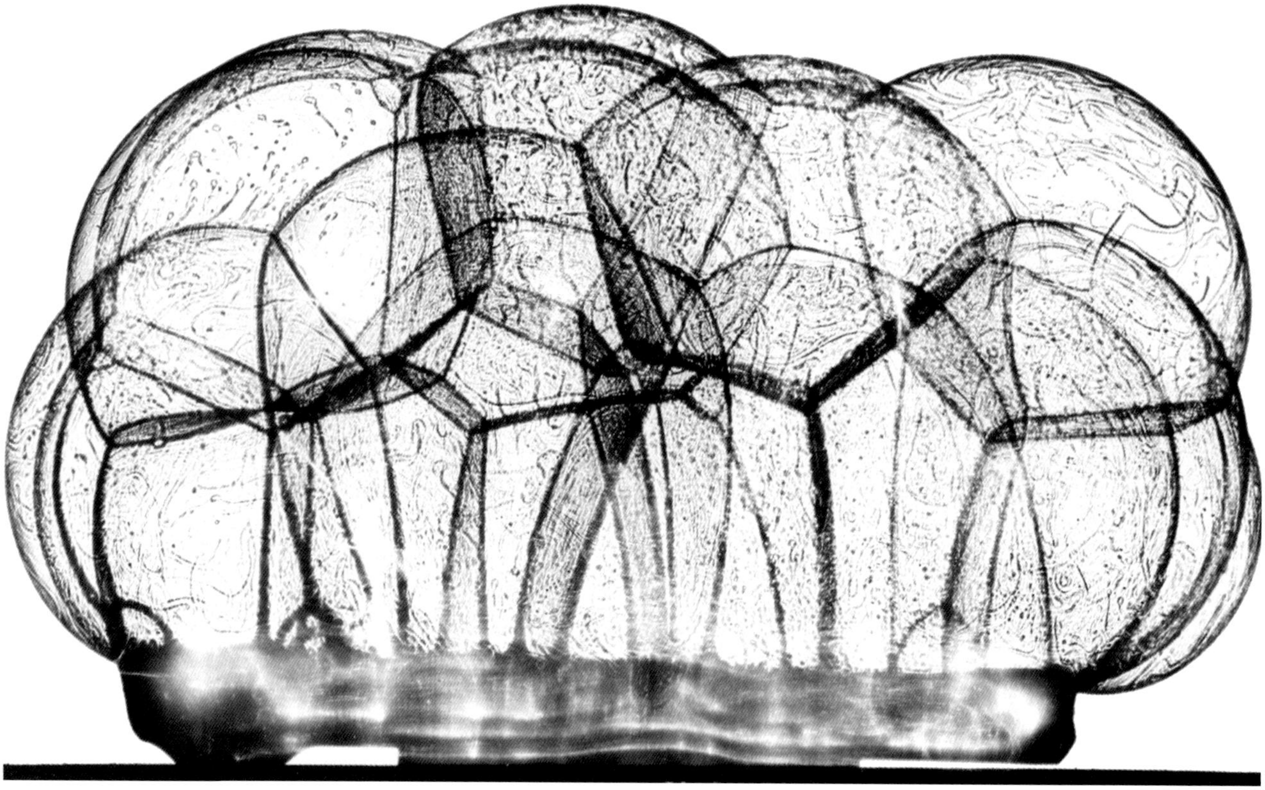

1

风暴就吹走了北欧 200 多座充气大厅。还有一些毁于暴雪，原因是风扇没电了或是进风口被雪堵住了。

好在充气大厅仍在一步步的改善中。即使在最恶劣的气候条件下，也能建成大容量充气大厅。同时出现了大型绳网的方式，可以在不适于居住的地区容纳居住和工作空间，在《悬挂屋顶》中对此有过简要的介绍，目前这一方式仍在研发中，借助充气大厅应该已几近实现。

2

3

图 1 肥皂泡，泡沫结构

图 2 中央为大泡，周围环绕着一个个小泡

图 3 “五穹顶”（ Penta-dome ）展厅，1958 年

4

5

1970年大阪世界博览会上的美国馆可以说是一个这方面的例子。椭圆形的膜长142m，宽83m，浅浅的弧线由32根绳子组成的网支撑。这次世界博览会可以被看作是帐篷建筑的实验场，其中用到的很多技术和设计可能，其最初研究和提出者都是弗雷·奥托。

图4 1964年纽约世界博览会展厅
图5 1970年大阪世博会美国馆

1970 ~ 1971 年，弗雷·奥托的 Warmbronn 工作室和丹下健三、奥雅纳工程顾问公司一起筹划建造“南极洲城市”（City in Antarctica），打算用一座跨度为 2km 的充气大厅覆盖整座小镇，供人居住。这一计划成为加拿大“58° 以北”（58° North）项目的先驱，“58° 以北”位于加拿大亚伯达的矿油砂蕴藏区，一度计划建造，但最终并没有实施。

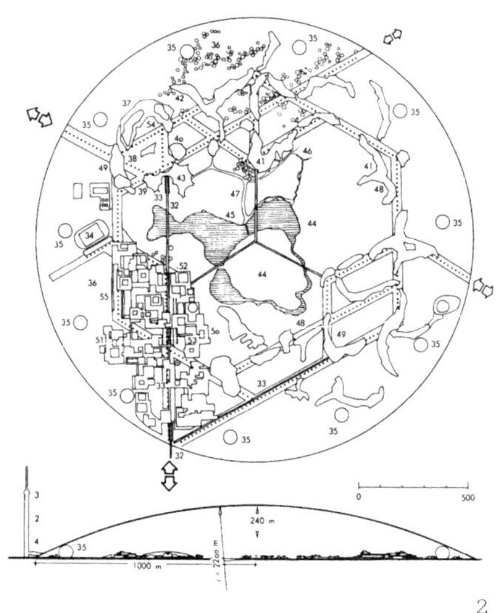

2

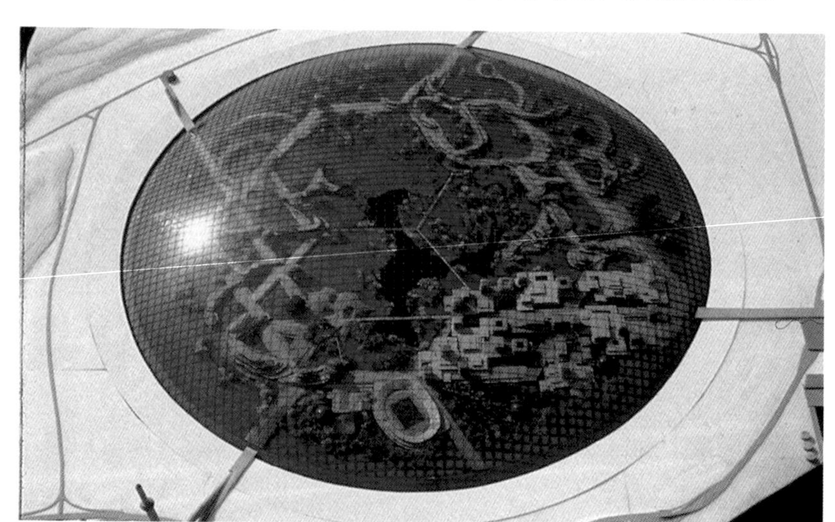
3

1

4

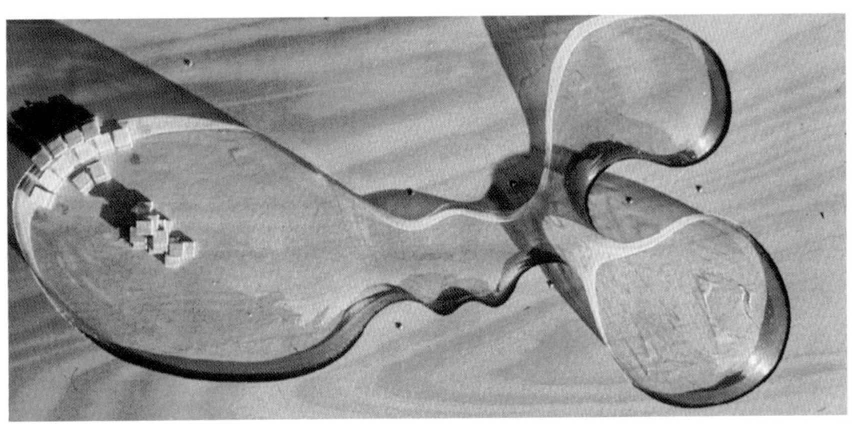

5

图 1 ~ 图 3“南极洲城市”项目研究，1971 年

充气大厅保护居住小镇免受气候影响

图 4 ~ 图 5“58° 以北”，针对加拿大北部城市的设计，计划覆盖可透光膜。该模型由塑料和有机玻璃制成

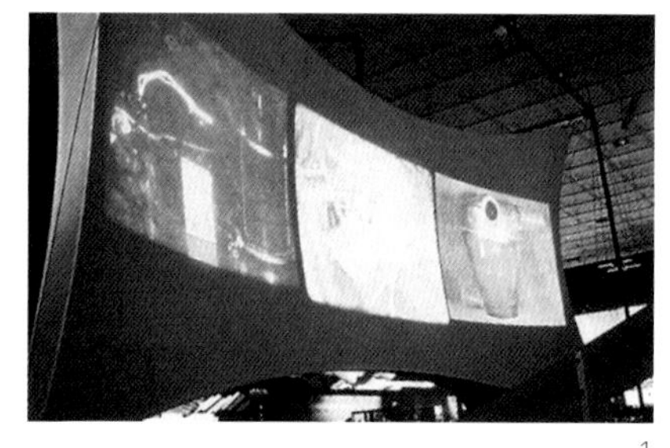
1

还可以使用水或其他液体替代空气支撑的膜结构。装水的容器，水塔、大坝、可移动污水处理厂，以及活动堤坝都可以采用这种结构，并且已经投入了生产。表面的膜也可以在内压较低的情况下得到支撑。这种情况面层可以开洞。从理论上说，此类工程的原理都是相同的，结构在较高的内压下得到支撑。内部增强措施，如撑杆、框架、支撑、拉索等都是造型和结构要素。这些结构可以用作温室等功用，其内部压力应相对较低，固定于地面上，避免被吹走。

2

3

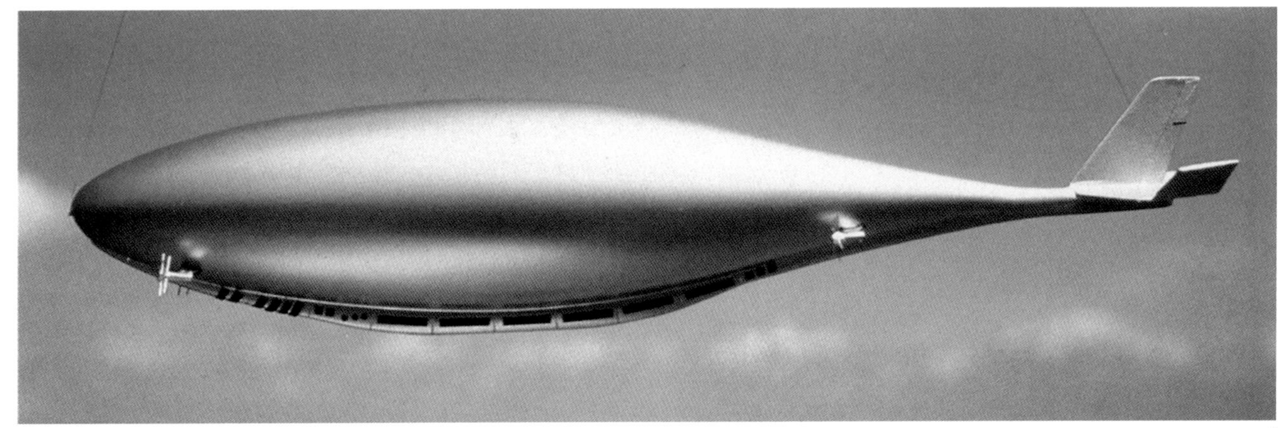

4

5

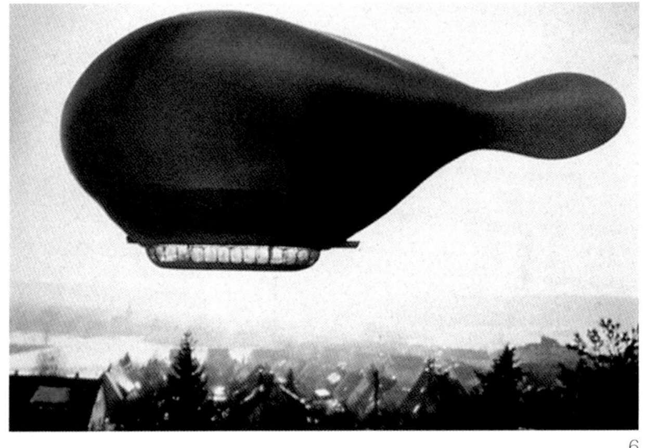

6

弗雷·奥托对充气飞艇的形状和结构作过调查研究，称为其“气鱼”（Airfish）项目研究的一部分，他还构思了多种特别有利于空气动力学的飞艇形状。

这种支撑飞行体被称为非刚性飞艇气鱼 1 号到气鱼 3 号，它们都是由弹性膜构成的，尽量减少刚性构件的比例。气鱼 1 号的尾部和客舱还都是硬质的，到了气鱼 2 号，尾鳍就变成有弹性的了，而气鱼 3 号整个就是一个热飞艇，连客舱都是弹性结构。

气鱼 3 号是由一家造船公司委托的项目，意在研究为长途飞行旅客提供“飞行宾馆”的可行性。飞艇采用柴油机，其整个结构，包括乘客摆渡船都由非刚性构件组成，完全靠充气提供张力。经过多年的前期工作，轻型结构研究所将其发表于 1982 年的《充气大厅手册 IL15》（*Lufthallenhandbuch IL* 15）中。

图 1 1968 年柏林工业展览会（Berliner Industriemesse）上使用低压充气结构建造的投影墙

图 2、图 3 低压充气结构温室模型研究，1977 年

图 4 ~ 图 6 气鱼 1 号、2 号、3 号模型研究，1978 年、1979 年、1988 年

在斯图加特对充气结构进行的深入研究主要关注充水体。这一研究也是联邦研究计划第 230 号“自然结构”的一部分，旨在更好地了解整个生物界的状况。对于技术性充气结构找形过程不断进行系统研究和发展，使得研究逐渐转到对生命起源和自然界成形过程的探索。基本的细胞，所有的器官和所有的生命体都源于“充气”（pneu）或者说充气结构。活的、正在生长的生命体，其软体部分都保持着有机形态，即使在硬化后也是如此。举例来说，阔叶树会因“充气”而柔软，螃蟹、蚌类等盔甲的，还有带骨头的动物也是如此 [参考文献:《自然结构》（*Naturliche Konstruktionen*）、《形式生成》（*Gestaltwerdung*）、《反向路径》（*Der umgekehrte Weg*）]。“充气”是一种可以用于阐释生物界形式的结构系统。

1

2

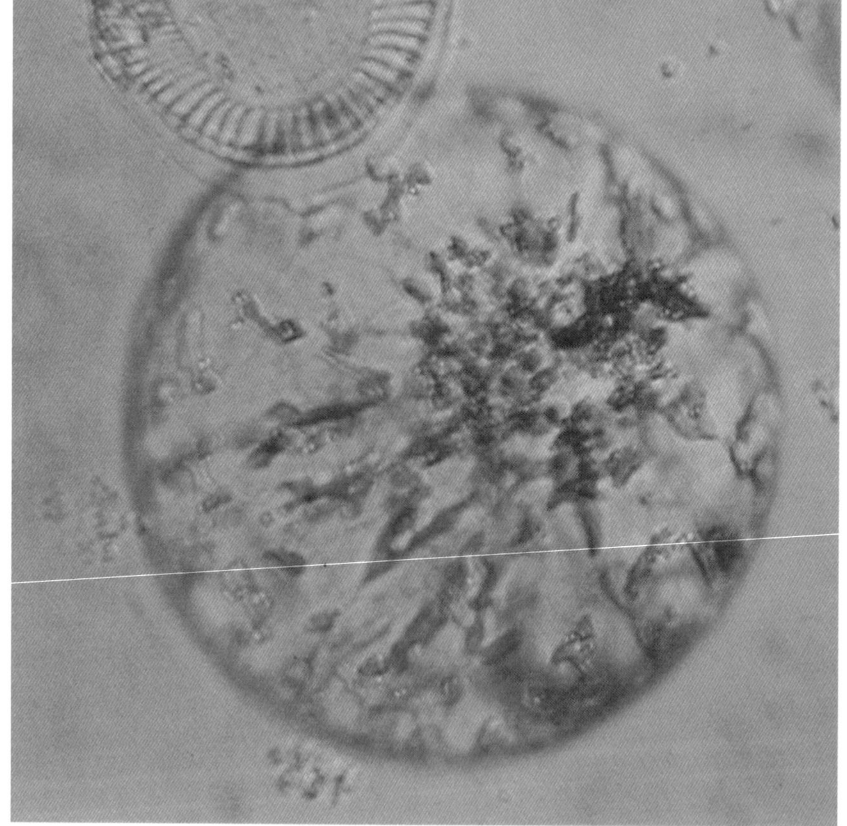

3

图 1 自由漂浮的肥皂泡

图 2 汞的液滴

图 3 活的细胞

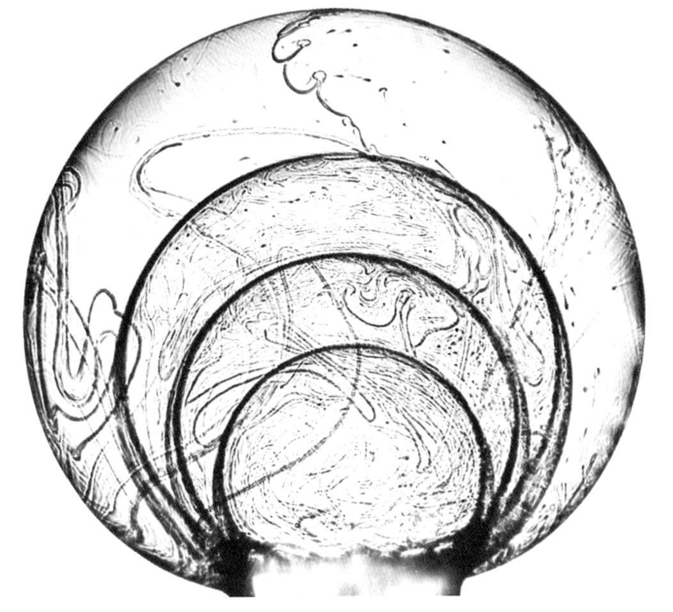

4

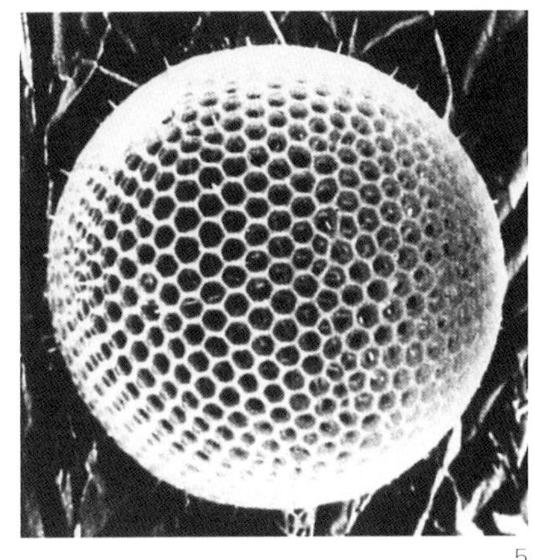

5

6

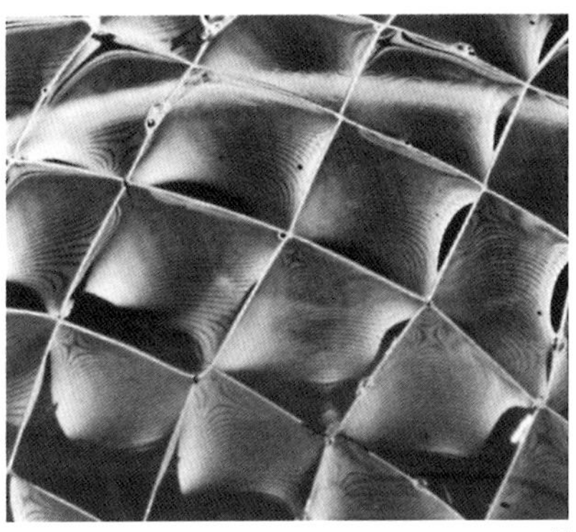

7

图 4 一系列肥皂泡

图 5 放射虫

图 6 捆着绳网的气球

图 7 网里的肥皂泡

悬挂结构

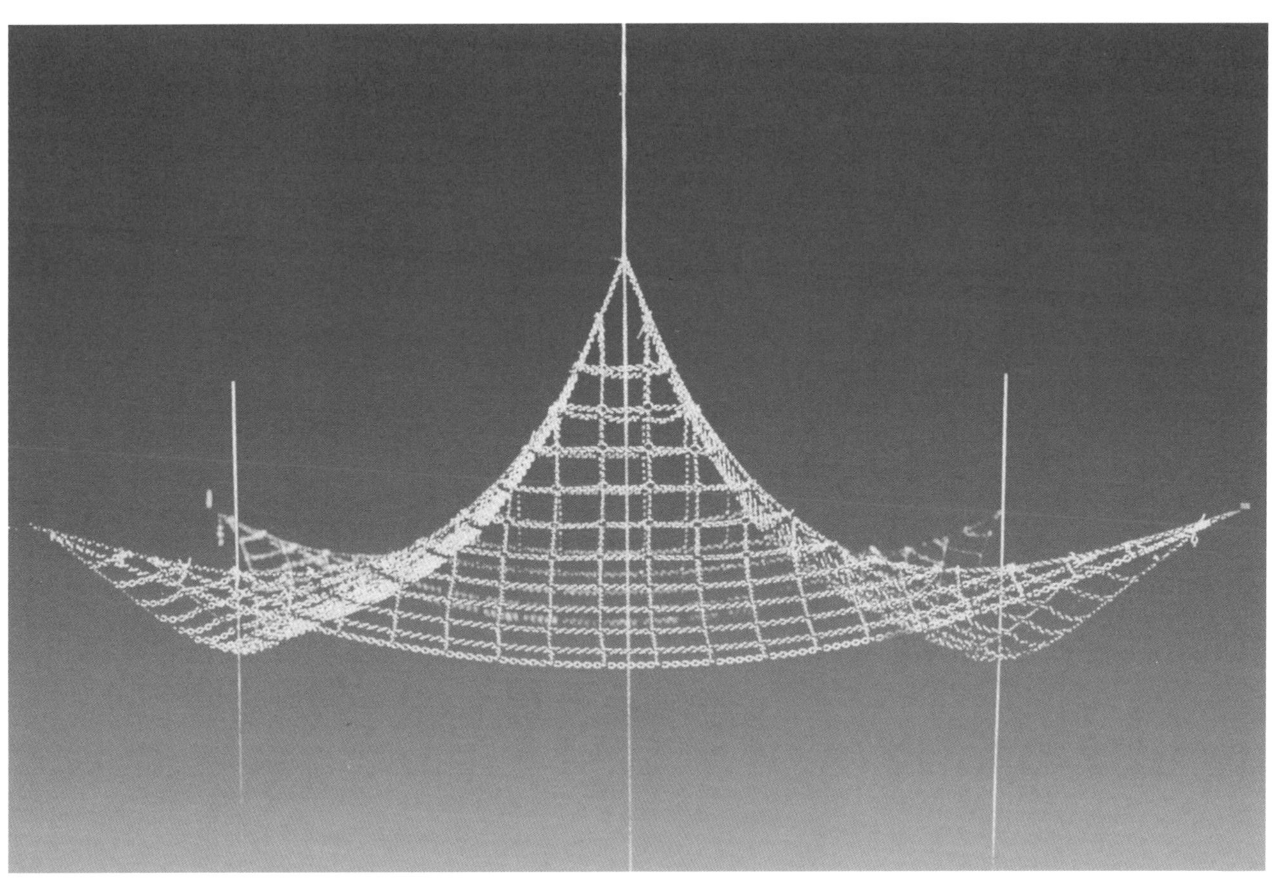

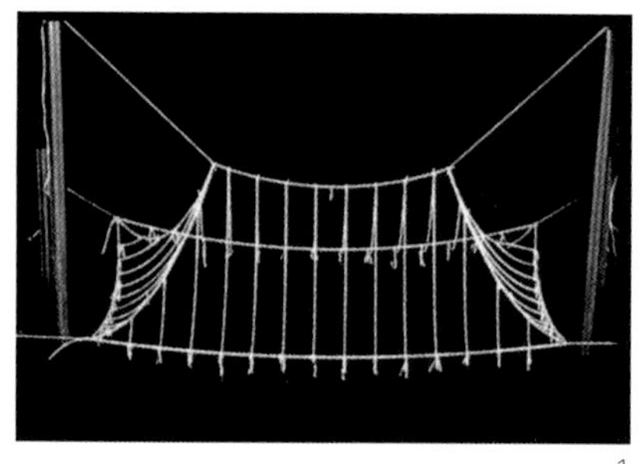

1

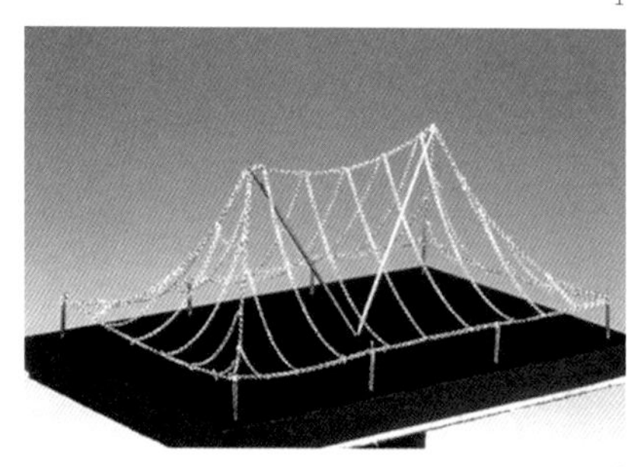

2

悬挂结构和预应力的、三维曲面的、平面的承载结构不同，通常只有一面是弯曲的，而且不需要对其自重施加预应力就能保持稳定。屋顶表面根据当时的情况呈现出自然的弯曲。悬挂结构凭借足够的自重、硬化的表面材料和拉索等方式实现稳定。

重力悬挂屋顶也被称为重帐篷，其形式可谓多种多样。在远东，佛塔和寺庙的屋顶由竹子组成的网格构成，即为自由悬挂网。悬挂屋顶结构可用竹、木等植物的受拉杆件制成，也可以用植物纤维所做的绳索或钢索制成。弗雷·奥托和他的团队针对悬挂锁链模型的形式进行了研究，揭示了传统悬挂结构的形式，这也成为由网、绳和受压杆件组成的悬挂结构设计的关键要素。

弗雷·奥托和罗尔夫·古特布罗德在 1965 年设计的麦加会议中心，于 1972 年建成，其会议室采用了多个大跨度重力悬挂屋顶。最初的竞赛方案为绳网结构，此前经费萨尔国王（King Faisal）推荐已在利雅得的一处会议中心中得以使用。但该设计在这里没有实现，由此产生了现在的麦加会议中心的委托和建造。这座大型综合体位于麦加城市边缘地带，由两个区域组成（酒店和会议室），每个区域均围合着一座内院。悬挂屋顶由带支撑的钢缆制成，上覆木材、绝热层和波纹铝屋面。

图 1 ~图 2 研究亚洲屋顶的悬挂模型

3

四个会议室通过一条穿行其中的走廊联系起来。牵引的绳索位于会议室之间，放射状的绳子承载着遮阴用的木条网格构件。近旁清真寺内院的遮阴设施则由钢管柱支撑。

6

4

7

5

麦加会议中心

图 3 会议中心全景

图 4 大会室内景

图 5 木制遮阳网被置于大网格钢索网上

图 6 会议中心的清真寺

图 7 屋顶遮蔽下的清真寺内院

弗雷·奥托为德国乌尔姆的医学院设计了两个悬挂的玻璃和钢结构，利用其快速建造的特点，为医学院提供了临时处所。用于教学和研究的房间体块自由地摆放在悬挂屋顶之下。从设计到建成，必须在 9 个月内完成。这个项目最终并未实现，但奥托由此得到乌尔姆政府建设办公室的委托，为乌尔姆高等专科学院（Fochhochschule in Ulm）设计一座建筑。这个建筑位于同一个校园内，非常靠近乌尔姆大学，同样借助了轻型结构研究所在研究和教学方面的工作经验。然而，尽管在建筑物理、建筑技术等工程内容上已经有了非常充分细致的准备，这个项目也还是没有继续下去。

1

2

3

4

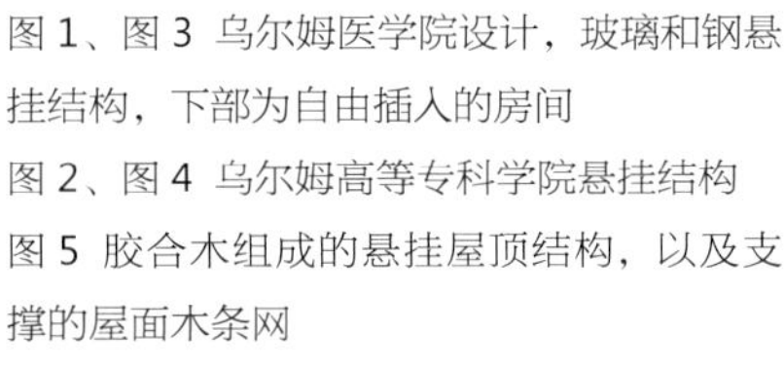

图 1、图 3 乌尔姆医学院设计，玻璃和钢悬挂结构，下部为自由插入的房间

图 2、图 4 乌尔姆高等专科学院悬挂结构

图 5 胶合木组成的悬挂屋顶结构，以及支撑的屋面木条网

图 6 四个大厅的模型

图 7 威尔可汗扩建项目的悬挂屋顶全景

位于巴特明德（Bad Münder）的威尔克汉（Wilkhahn）扩建工程展示了一种新的以工业生产为前提的建筑设计方法。这一综合体建于 1987 年，其周到细致的设计可以适应多种不同的功能。

4 个生产部门设于 4 个相同的大厅内，首层平面为方形，边长 22m。大厅上方的悬挂屋顶分为两部分，每部分以一个三角桁架作为主要支撑，悬挂屋顶的木板条。三角桁架置于平面中央，因此在两个主要受力构件之间形成作为平面的屋顶面，上面覆盖玻璃。建筑室内充溢着阳光，确保工作氛围轻松愉悦。这些大厅覆盖住下方长长的平屋顶建筑，形成若干小型单元，便于在需要时增加新的单元，也无损建筑的整体概念。

5

6

7

1

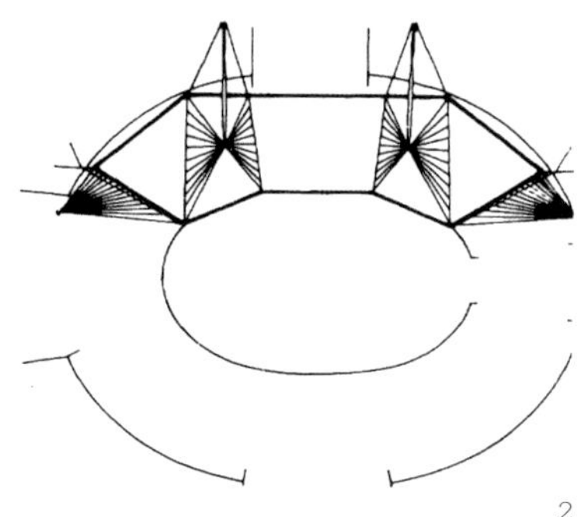

2

1969～1970年间，弗雷·奥托在斯图加特内卡尔体育场[Neckar-stadion，现为加特立·戴姆勒体育场（Gottlieb-Daimler-Stadion）[此为原书编写时名称，后又更名为梅赛德斯·奔驰体育场（Mercedes-Benz Arena）——译者注]和柏林奥林匹克体育场这两次体育场的看台屋顶竞赛中，设计了大小不同但建造方式类似的重力悬挂屋顶。

悬挂屋顶的支撑系统由平行悬挂的钢索和置于顶部的钢杆组成。由受压杆件和拉索组成吊臂式的帆状系统支撑着全部构件。这两个项目都在看台屋顶的外侧设置了与基础相连的拉索。

两个屋顶都采用了聚丙烯薄片组成的半透明面层，塑造出在风的作用下呈现动态的屋顶，同时也为结构稳定提供了必要的重量。为此还专门用测试模型进行了空气弹性变形的风洞实验。尽管这两个项目都属于高效低投入的设计，却均未能投入实施。

柏林奥林匹克体育场看台雨棚竞赛方案，1969年

图1 模型

图2 首层平面图

3

4

位于斯图加特的戈特利布·戴姆勒·体育场看台雨棚竞赛方案

图 3 照片拼贴

图 4 模型

拱、穹、壳

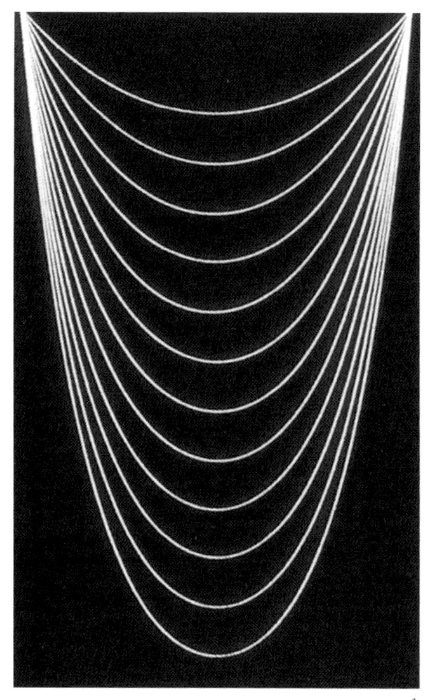

1

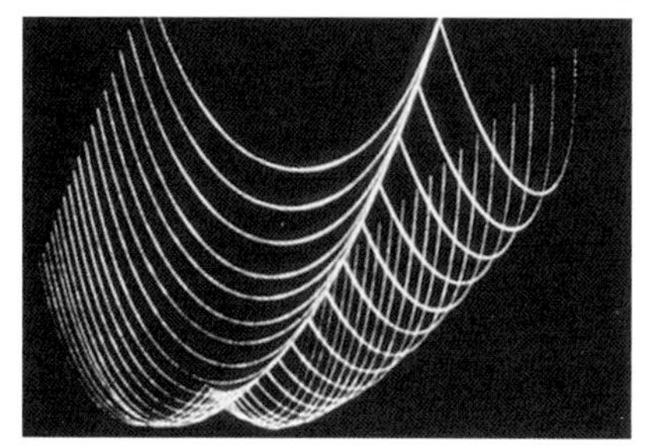

2

即使是受压的拱形结构，如拱壳、穹顶、网壳等，也可以采用自成形过程来确定其形状。可以利用悬链倒挂的简单原则作为寻求拱顶结构最佳压力线（pressure line）的方法：

从两点悬下的锁链能够形成承受自重的最佳形式。这一自成形结构形成的曲线就被称为悬链线。

悬链内只有拉力作用。将其沿水平轴线反转 180° 后，就能生成只有受压荷载的拱形的压力线。根据反向悬挂形成的拱和拱顶内因此也只有压力。其结果是形成的拱顶只需要很少的材料和体积，即可满足对大跨度的需求。

利用悬链的自成形规则产生的形式可谓多种多样。几乎所有的平面都可以据此找到恰当的拱顶形式。

最早的拱顶结构都是从几何形，比如圆形和弧形发展而来的。但即便是早期时代出现的拱形，也非常类似于反向悬链。尽管当时的建造者还没有掌握这方面的知识，但那些土著房屋的土制拱顶仍然是遵循反向悬链的案例。直到 17 世纪，人们才发现悬链与压力线之间的联系。其中最著名的应用实例，就是建筑师海因里希·胡布什（Heinrich Hubsch）所做的教堂，还有安东尼奥·高迪（Antonio Gaudí）所做的三维悬挂模型，他据此确定了自己所做建筑的形式和结构。

早在 20 世纪 40 年代末，弗雷·奥托就根据悬链的规律制作模型并进行实验，分析和寻找极轻的大跨度穹顶结构形式。从那时起，重建并监测史上知名穹顶结构的结构规律就一直是轻型结构研究所的研究项目之一。这些实验对于理解古代穹顶结构的承载能力，以及设计大跨度壳体和网壳而言都是非常重要的基础依据。

这其中使用了各种各样的材料和方法：有时用浸塑织物做模型，有时用细链或网，模型承受着均匀的荷载，荷载物是橡胶膜或织物，也可能有其他很多种类型。

图 1、图 2 悬链

图 3、图 4 模型显示将悬链反转后形成的拱的受力线

将悬链反转的方式进行类推，对于设有坚固且活动支撑的三维曲梁，如网壳等，也可以通过将平整的网面反转确定其形式。网壳、壳体找形背后蕴藏的基本概念其实是认为受拉的悬挂形式是理想化的，但这种方法确实有助于获得最接近于最佳的形式、受力方式和体量。

经过反转后的“硬壳”（rigid shells）仅承受压力。成形的基本原则得以保持，其几何数值也与悬挂形式的数值保持一致。弗雷·奥托的研究以及他的方法和模型，意在指出今后网壳找形的方法。

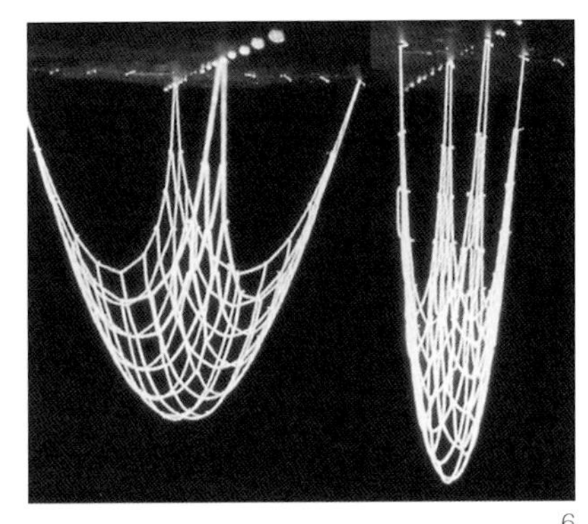
6

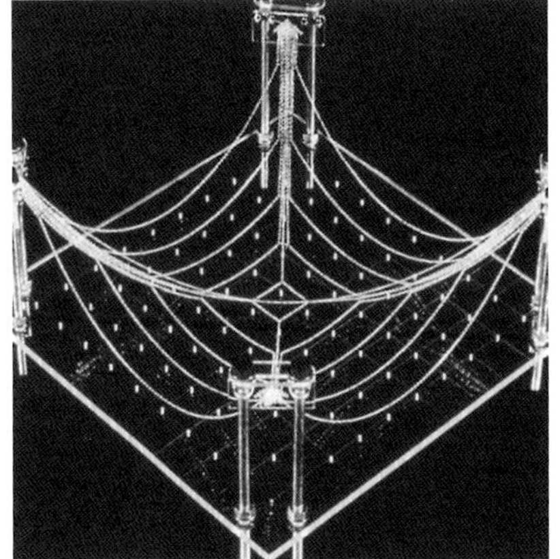
7

8

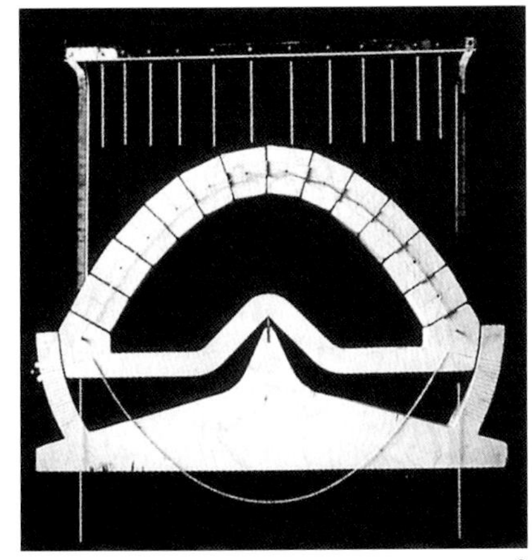
3

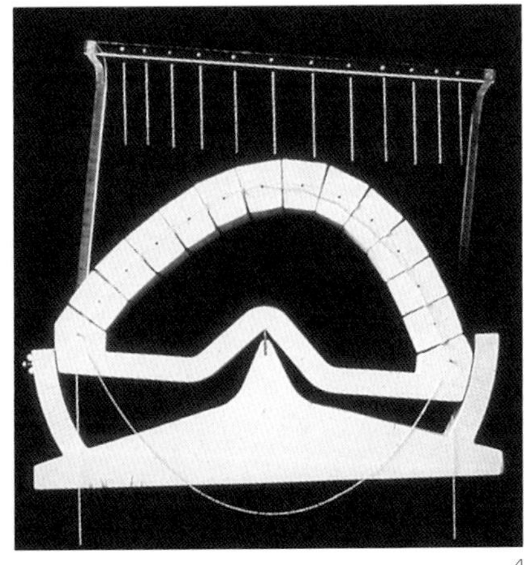
4

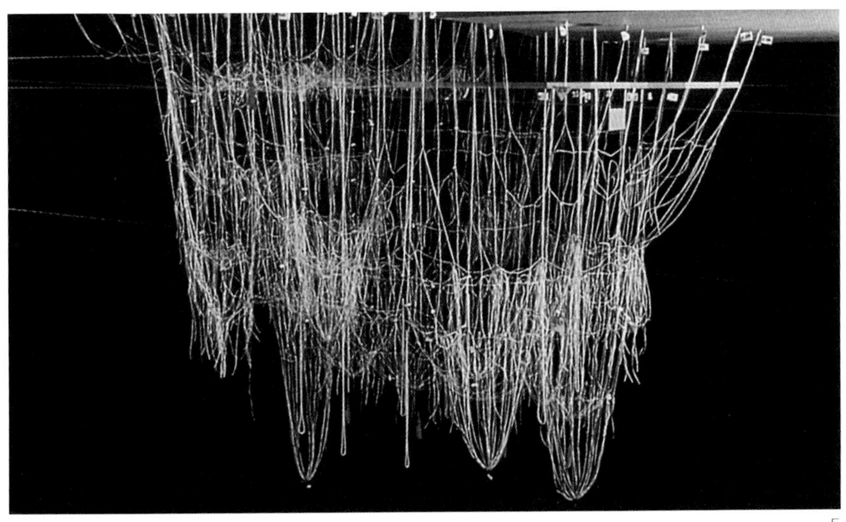
5

图 5 重建安东尼·高迪的古埃尔领地教堂（Colonia Güell church）的悬挂模型

图 6 链网悬挂模型

图 7 用悬挂模型为十字正交穹顶（groin vaults）找形

图 8 用悬挂模型为交叉穹顶（cross vault）找形。照片被旋转 180° 以反映穹顶的形式

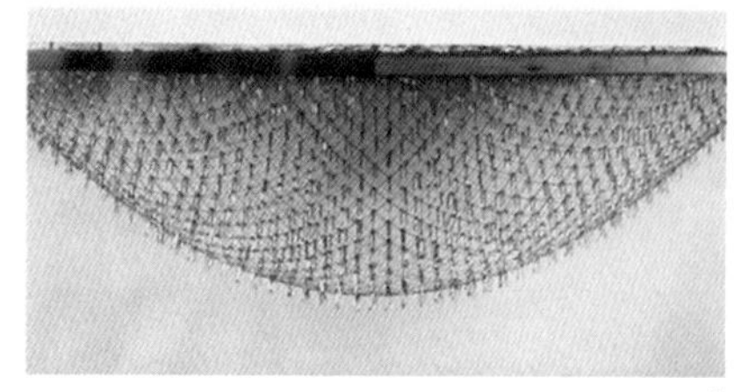

1

他在 1962 年埃森（Essen）的博览会（DEUBAU）上建造的网壳，成为后来世界各地很多类似项目建造的摹本。用于找形的悬挂模型用线做成，用 U 形钉施加重力。

1970 年，弗雷·奥托在萨尔斯堡夏季学院（Salzburg Summer Academy）研究生班的学生做了一个反转壳体的研究模型（图 7），他们用木条制成的链网倒置后形成了网壳。而为柏林的李伯格人民公园（Volkspark Rehberg）所做的网壳设计采用金属棍，外覆带有赫尔曼·芬斯特林（Hermann Finsterlin）画作的塑料片。

2

3

4

5

图 1 ~图 5 埃森的博览会上的网壳结构

图 1 纺线制成的悬挂模型，用 U 形钉施加重力

图 2 造好的网壳

图 3 模型内部

图 4、图 5 网壳（模型）的三维形式是通过将原本为均匀网面的网壳经过剪刀状变形形成的

图 6、图 7 金属棍制成的网壳设计模型，柏林李伯格人民公园的凉亭，1969 年。该设计并未建成，当时计划采用受拉杆件支撑网壳，这一想法后来在曼海姆的网壳中得以实现

仍是计算的基础。

6

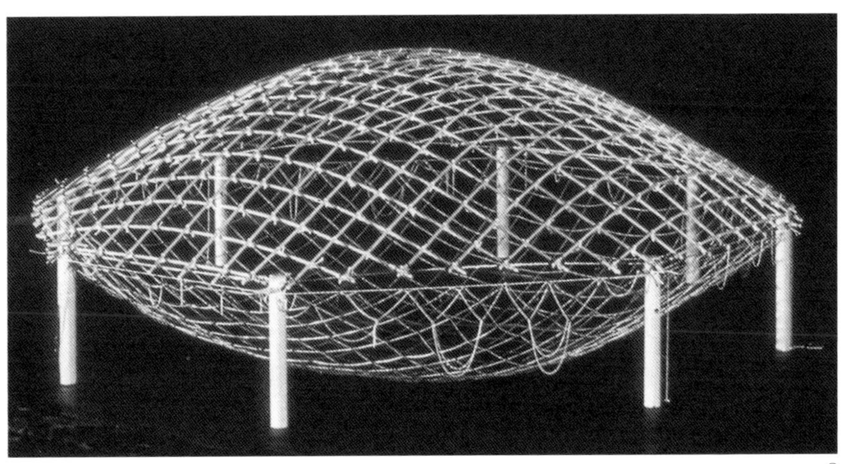

8

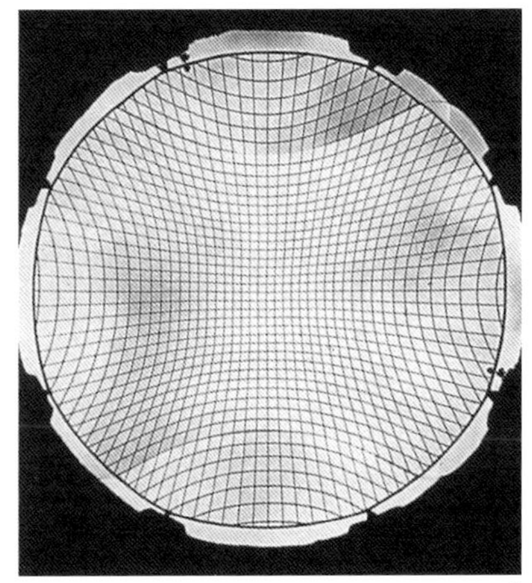

7

今天，我们可以在数学领域纯粹运用数字方法创造出很多复合形式，而无需用模型进行实验。但掌握实验模型建造方法，仍然是研发这些数学程序最重要的需要。直到现在我们也几乎不可能不做模型实验，模型实验仍是计算的基础。

图 8 由圆形木棍组成的网壳模型，下为链网悬挂形式，萨尔斯堡夏季学院

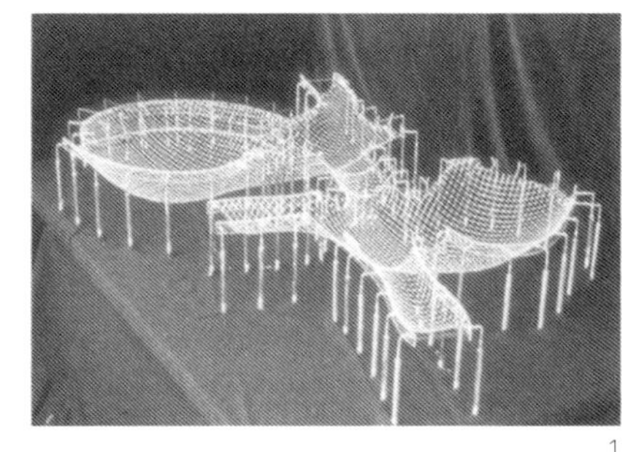

1

在弗雷·奥托及其研究室的建议及合作下，穆奇勒和兰纳建筑师及合伙人事务所（Mutschler，Langner und Partner）将其网壳理念转译为建筑学语汇，设计出1971年曼海姆联邦花艺展览会的网壳。只有借助找形模型和方法，才有可能得到网壳的穹顶形式，最终建造采用了相互连接的直木条。不仅结构形式由自成形过程确定，将形式转译为建筑从而将网格组装起来的过程也遵循了同样的原则：首先将矩形的格网放置在平面上，随后用脚手架塔抬高，获得三维形态。木条连接处采用别针式的半固定方式，使得网格可以产生剪刀状变形，由此获得网壳的形式。接下来再将网格的交接点拧紧，确定网壳形式，并

2

在其外缘加以固定，用大网眼的钢丝网加固，最后加上屋面。两根或四根木条相互以十字方式搭接，网格间距为50cm（在网格最初铺设好时）。整个屋顶的最大跨度为80m，屋顶面积7400m^2，该网壳也是世界上最大的建成受压结构之一。

曼海姆网壳，1971年

图1 悬挂模型

图2 外景

3

5

6

4

图 3 使用脚手架塔让网格获得三维形式

图 4 每 9 个节点抽取一个进行荷载实验，以确定网格的承载能力，可用悬挂的铅垂线测量变形程度

图 5 无屋面网壳傍晚时的照片

图 6 用聚氯乙烯覆膜的格状织物遮蔽网壳；该外膜后来曾被更换

图 7、图 8 后页：网壳内景

7

8

位于沙特阿拉伯利雅得的大 KOCOMMAS——包括国王办公室、内阁、议会（Majilis of Shura）等在内的综合体建筑，由若干网壳和绳索结构，以及一些多层建筑组成。

网壳覆盖着接待厅、会议室以及一些内院。网格为六边形，由长度相等的焊接钢管组成，上覆玻璃。并以特制的铝伞作为遮阴构件。这些短棒组成的结构形式来源于悬挂模型，节点也是在悬挂状态下固定的。

枝形支撑体的形式同样源于自成形过程。结构最美的部分是两个结构以自成形的方式和谐地融合在一起。该项目的设计可说非常详尽，但可惜的是由于政治上的变化未能建成。

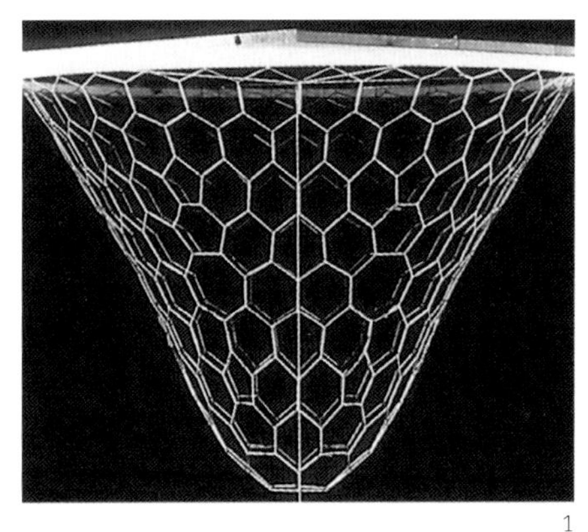

1

图 1 六边形悬挂模型

图 2 大型六边形网壳内景，其直径达 70m，由 6 个枝形柱支撑。按照设计，该穹顶设于内阁所在的内院中，1979 年

2

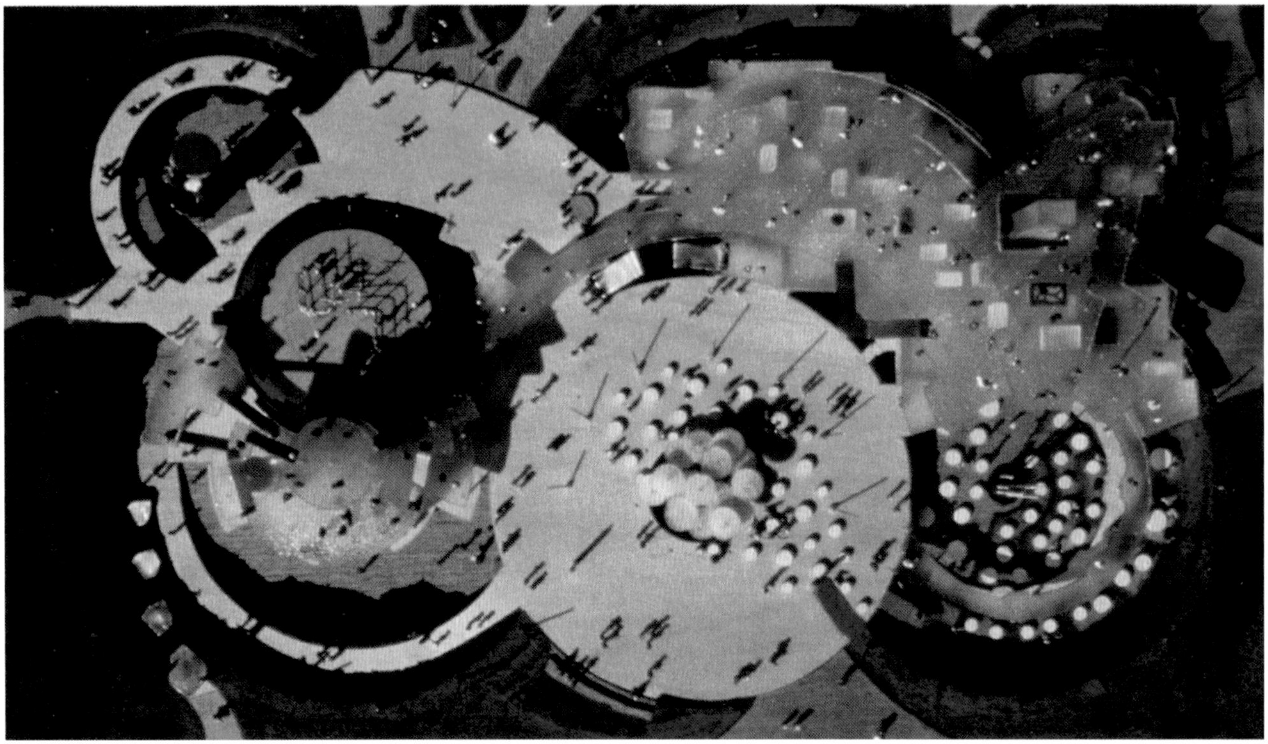

1

2

弗雷·奥托为1992年塞维利亚世界博览会德国馆所做的竞赛方案，也是由数个拱顶组成的网壳设计，在竞赛中获得第二名。设计采用大型金属网壳，外覆玻璃，网壳下是层层台地。模型制作针对自成形不同阶段采用的材料也有所不同：研究模型为胶泥，研究形态和色彩时则用铁丝网和木头。使用锁链支撑的悬挂模型有助于设计网壳的形式。用铁丝网做的设计模型展示了整体的结构。

图1 内部台地模型

图2 1992年塞维利亚世界博览会德国馆竞赛设计模型

为遮蔽汉堡的尼古拉教堂（Nikolaikirche）废墟所做的网壳结构设计，也全部采用复杂找形过程完成。尼古拉教堂毁于二战时期的夜间轰炸，仅存一座 147m 的高塔。弗雷·奥托工作室接受的委托要求向汉堡市提交一份报告，探讨将教堂改为博物馆的可行性，以纪念其被炸之日。奥托提议，在教堂被毁的中殿上建造一组连续的玻璃网壳穹顶，辅以装饰着绘画的交叉穹顶。穹顶的形式来源于悬挂模型，绘画则由贝蒂娜·奥托在铁丝网和透明草图纸做的模型上完成。

3

4

汉堡尼古拉教堂废墟网壳，1992 年设计

图 3 由贝蒂娜·奥托设计的交叉穹顶上的画，她直接画在了模型上

图 4 网壳悬挂模型

图 5 铁丝网设计模型

5

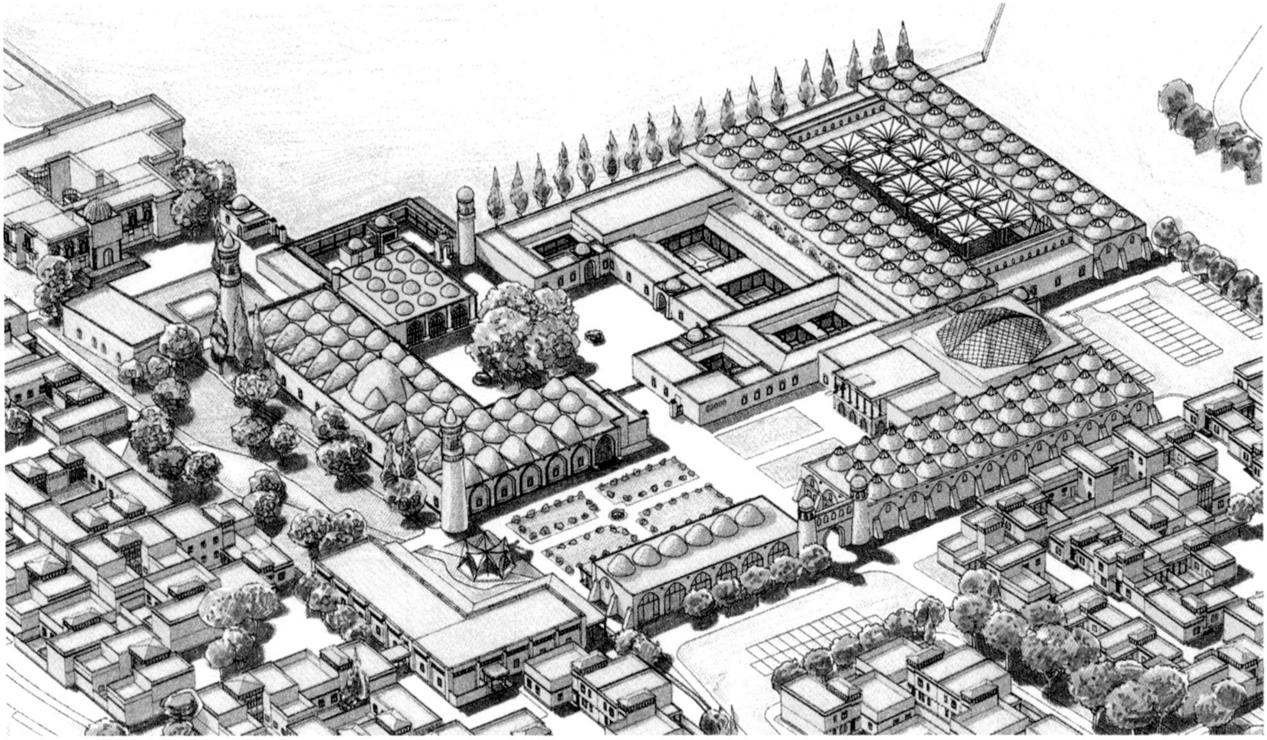

1

2

图 1 撒马尔罕清真寺扩建竞赛方案

图 2 撒马尔罕的乌鲁伯格（Ulug Beg）建筑群的尖塔，毁于地震。正在根据俄罗斯工程师 Sûchov 的结构设计进行修复

该项目是由博多·拉希工作室设计的一处清真寺扩建和教育中心的竞赛方案，位于乌兹别克斯坦撒马尔罕的伊曼·布里哈（Imam Bukhari）陵，设计中包含了多个由穹顶笼罩的大型空间。这些穹顶的形式借鉴自传统伊斯兰拱顶建筑，同时由于该地区经常发生地震，对其稳定性进行了充分考虑。自古以来，砖是撒马尔罕当地最为常用的建筑材料，便宜耐久，也便于生产。对于砖建筑，形式是确保稳定的关键因素。这点对于抗震而言尤其明显，同时对于保护历史建筑也非常重要。中亚地区的锥形尖塔就特别坚固。

弗雷·奥托在轻型结构研究所发明了一套专门用于检测砖石建筑稳定性的实验方法。可用于检测需要较高的稳定性来抵御自重、倾斜、地震和风荷载作用的建筑形式：砖石结构模型由小块的砖拼成，摆放较为松散，不加砂浆砌筑，置于可倾斜的转盘上。不断倾斜（角度或倾斜度可测量）最终导致模型坍塌。一场强烈的地震（里氏 8–9 级）伴随着高达 30% 的倾斜，此时的水平力作用约为 0.2 ~ 0.3g（重力加速度）。

3

如果模型在 30% 倾斜状态下能保持安全稳定，建筑按照将其放大到合适大小的形式建造，就不会在水平力为 0.3g 的情况下倒塌。

这一实验用于检测结构受到水平力作用时的性能。其结果放大到相应的尺度即可应用于建筑中，因此实验成为判断砖石结构在地震和风导致的水平力作用下稳定性表现的关键辅助措施。由预制砖加砂浆砌筑的建筑的稳定性会比实验测量的结果稍好些。

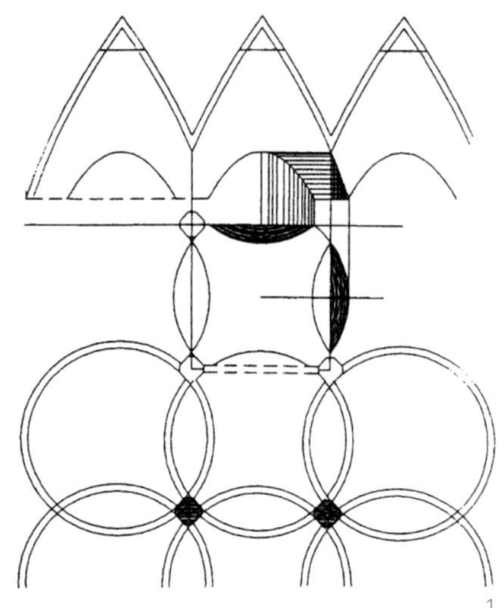

1

2

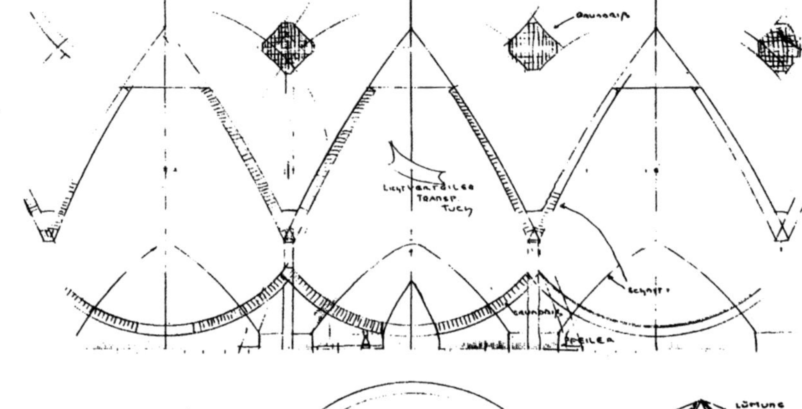

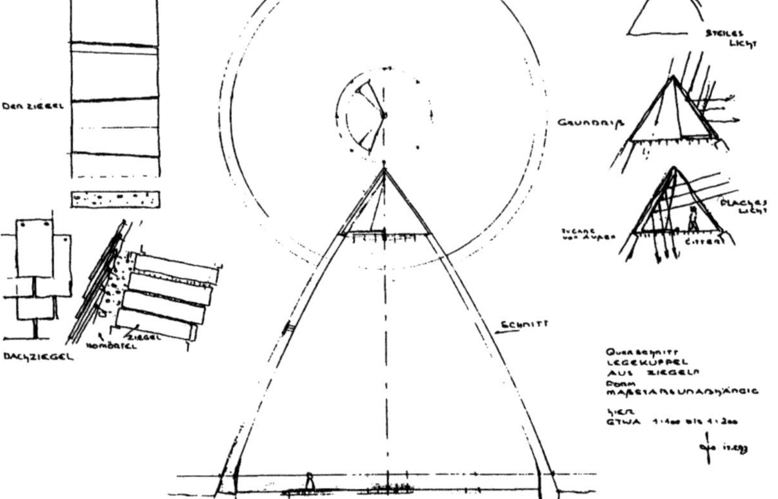

3

撒马尔罕“伊曼·布里哈”清真寺扩建竞赛方案：

第 149 页，图 3，倾斜转盘实验，显示了带天窗穹顶在水平荷载作用下的性能

图 1 电脑绘图：相邻穹顶的首层平面和剖面

图 2 优化后的带天窗穹顶模型

图 3 弗雷·奥托的草图，相邻穹顶首层平面以及优化后的剖面形式

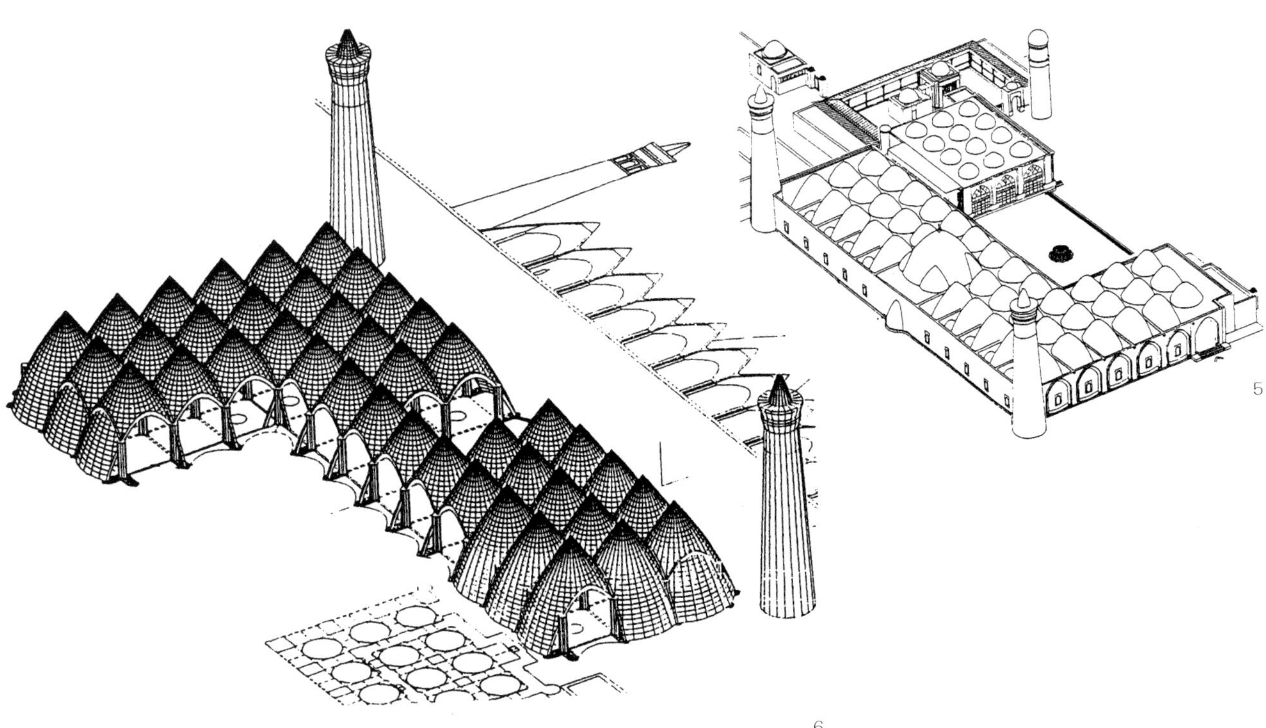

Warmbronn 工作室利用倾斜转盘和摆台做了几个实验，为博多・拉希设计的穹顶找形，这样确定的形式特别坚固。实验结果与设计相结合，带有穹顶的结构恰当地平衡了伊斯兰建筑传统和当地的环境。设计在竞赛中获得一等奖。这组与实验紧密联系的项目背后，是大量对塔、拱和梁等构件稳定性的调查研究。

图 4 清真寺剖面

图 5 电脑绘图，展现了清真寺扩建项目首层平面上最佳的穹顶形式

图 6 穹顶形式根据实验得出，并在最后设计阶段进行了调整

1

3

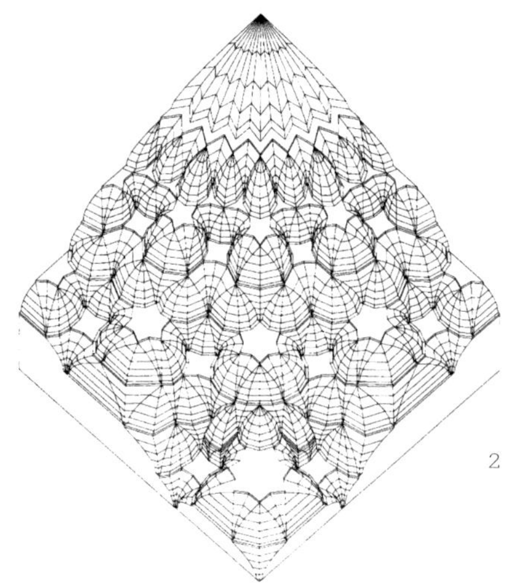

2

这一拱顶形状，不仅来源于结构角度的设想，也是对蜂窝拱（Muqarnas）这种结构的装饰要素的模仿，可以说是由一系列局部的小拱组成的。伊斯兰建筑常含有蜂窝拱，但其来源、承载能力和建造技术都已不可考。蜂窝拱通常是垂直的墙与穹顶或半穹顶（托臂拱顶）之间的过渡，也可能是悬挑的木梁或抹灰屋顶上的纯装饰部分。

在摩洛哥，这些小拱不过手掌大小，用杉木雕成；而在波斯，则可能是有一层楼高，用石头砌筑，或粉刷制成。因为和自然界钟乳石有些相似，它们还有一个名字——钟乳穹顶（stalactite dome），且常常被比作蜂巢。

“滑动穹顶”（Sliding Domes，见第 212 ~ 217 页）项目最初的设计，是想用拱顶覆盖一个方形空间，博多·拉希工作室为此做了很多蜂窝拱的设计。但很快就发现，无论从分析还是设计的角度来看，蜂窝拱

图 1 伊斯法罕谢赫鲁法拉清真寺（Sheikh Lutfallah mosque）入口顶部的蜂窝拱

图 2 蜂窝拱结构的等角透视（isometric presentation），为麦地那滑动穹顶所做的设计

图 3 ~ 图 7 蜂窝拱，滑动穹顶最初的设计

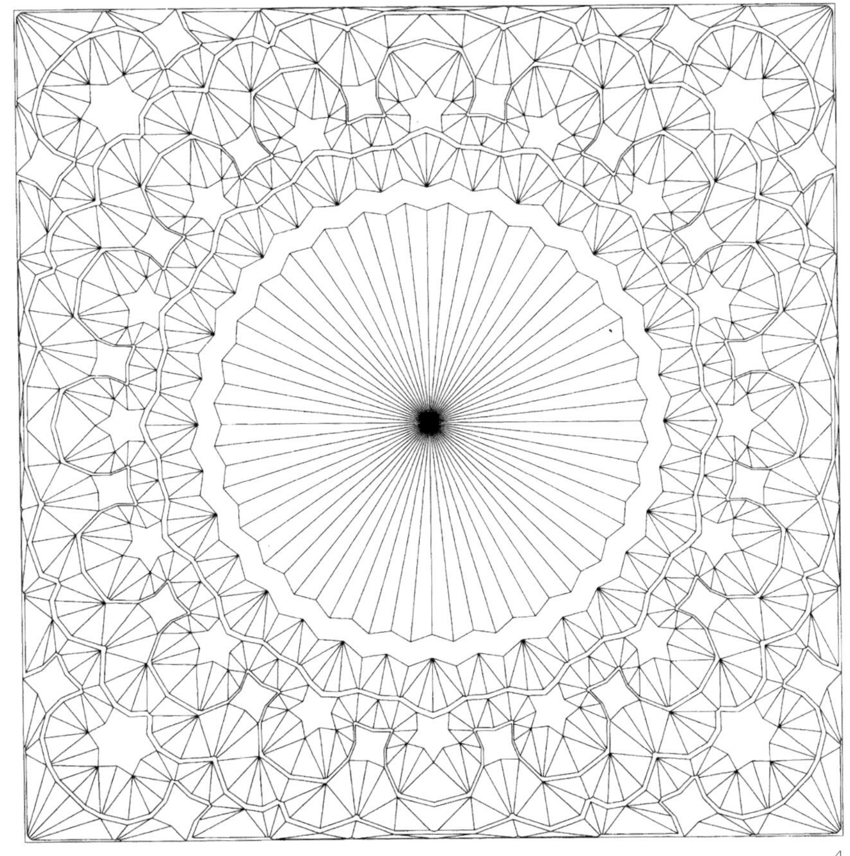

4

5

6

7

都不是建筑师利用常见资源就能控制好的。这些结构需要遵循数学规律，因此最终还是选择了其他方法。

设计者开发了一套电脑程序来分析其几何形式，并可结合时下的CAD软件设计这些结构。该程序可将曲面表达到平面上，因此可根据平面制作模型建筑甚至加以实现。三轴铣床经过编程，可将三维数据转化绘出轮廓线。同时，如果进一步对数据进行加工，还可以使用五轴铣床直接获得表面模型。可直接用于制作蜂窝拱的模型、模具和一些建筑组成部分。

图 3 设计图，水彩画

图 4 首层平面，电脑绘图

图 5 蜂窝拱式非固定穹顶模型

图 6 电脑控制铣成的模型，比例为 1：20

图 7 三维电脑模拟图

弗雷·奥托与同事、学生一起分析万神庙的承载能力，这是轻型结构研究所的建筑历史研究项目。他们专门制作了万神庙的三维和二维悬挂模型，研究其所受压力的分布、大小和受压过程。悬链不仅可用于确定最优的拱顶形式，也可以研究已建成穹顶中受力（和受力过程）的合理性。除了其他方面，实验通过不同的悬链模型发现环压力和通过拱顶的力都是同时存在的。这些结果（模型结构和实验结果可见于轻型结构研究所 11/84 研究）再次证明了实验的价值，模型建造方法不仅对于分析和转译历史建筑有效，同样也可用于新的结构的设计规划。

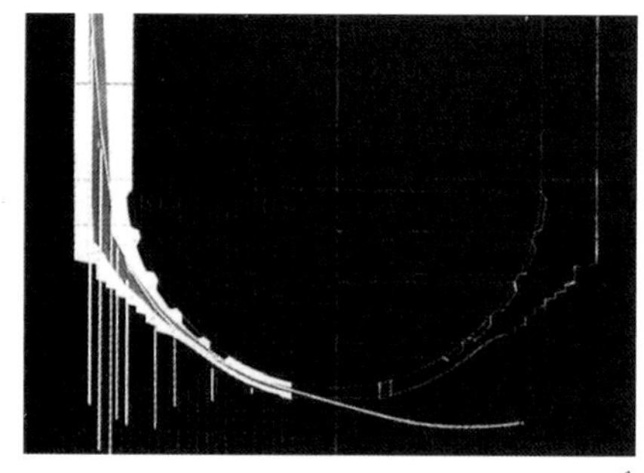

1

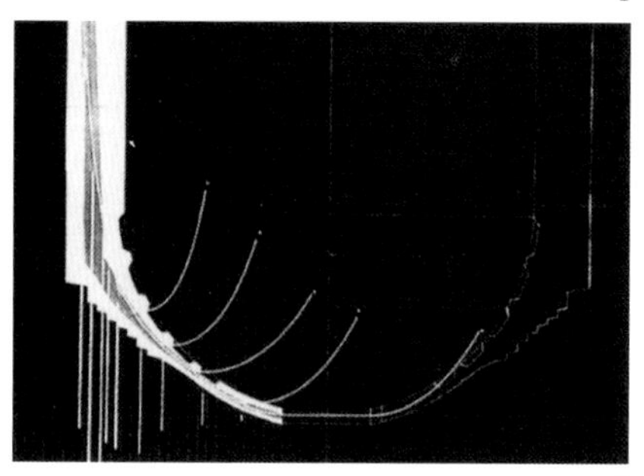

2

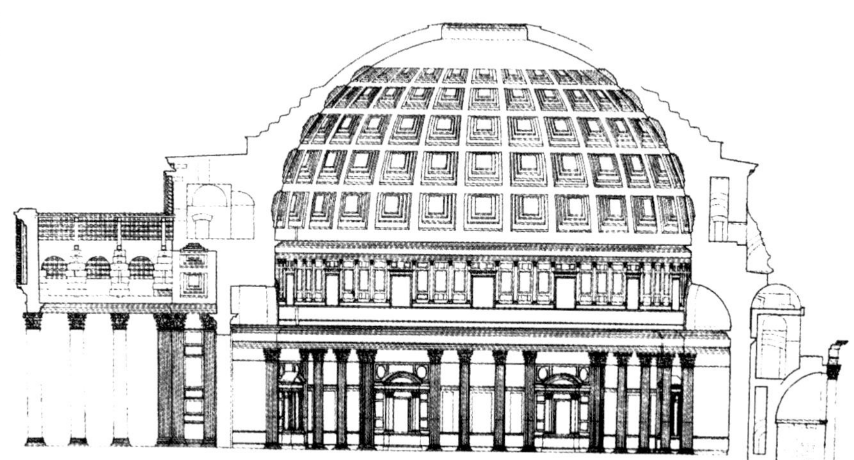

3

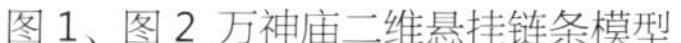

图 1、图 2 万神庙二维悬挂链条模型

图 1 穿过拱顶剖切线上的压力线

图 2 测量环压力

图 3 万神庙，剖面

图 4、图 5 三维悬挂模型。如果环压力不起作用，就会形成这一穹顶形式

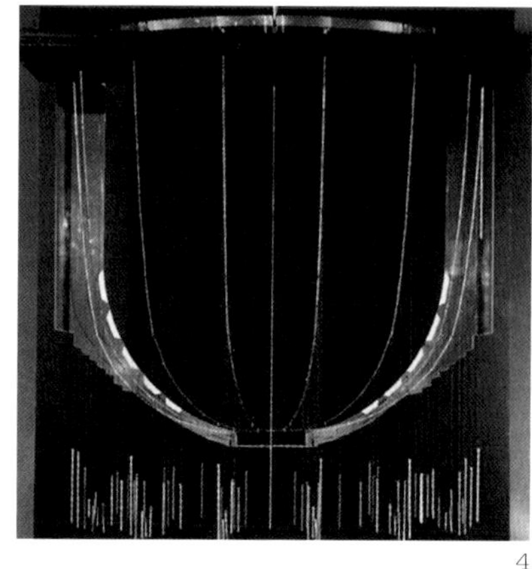

4

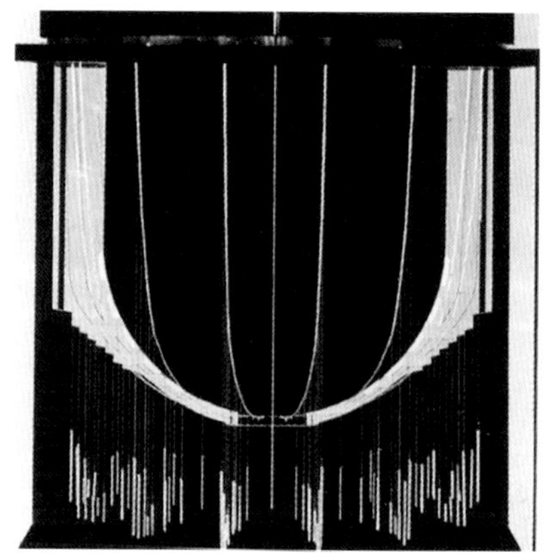

5

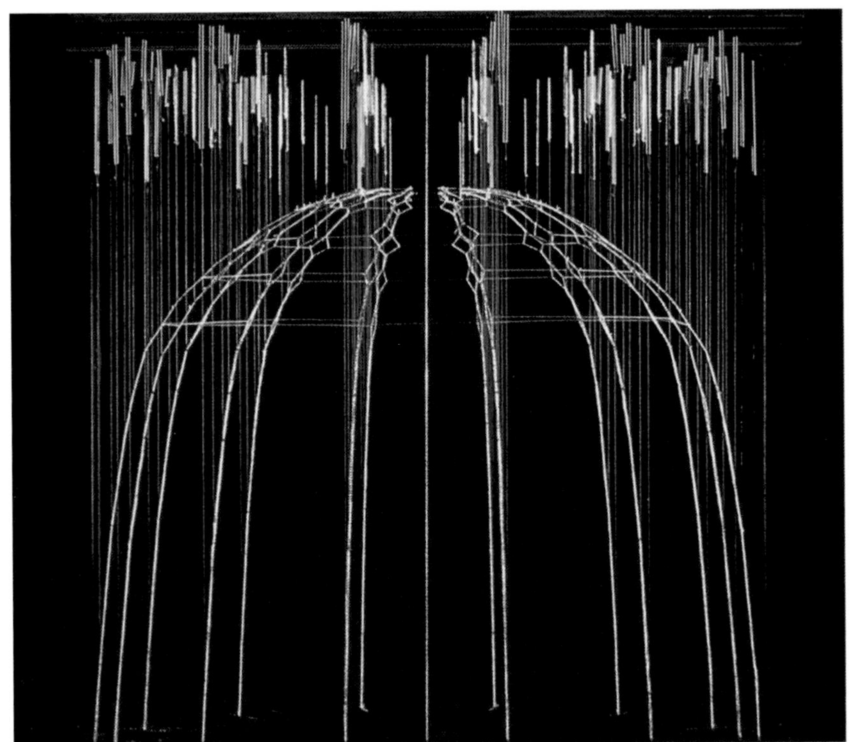
6

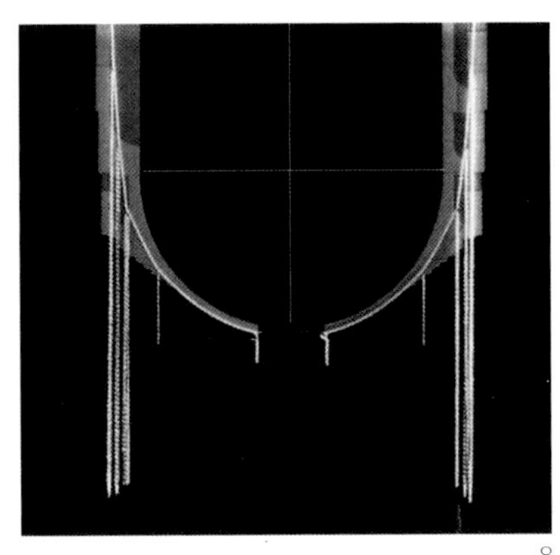
8

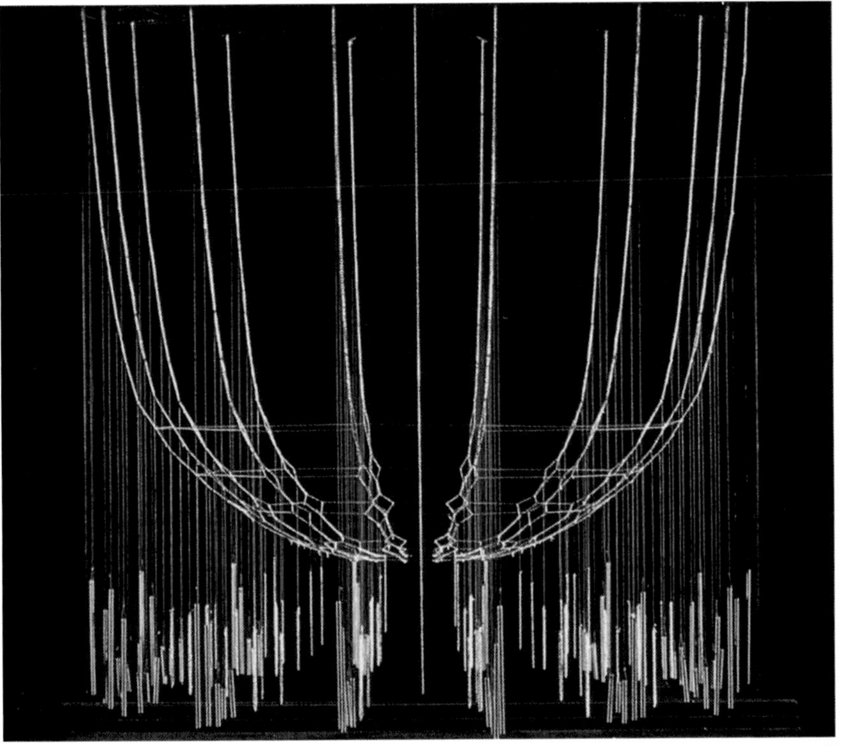
7

图 6 受环压力的穹顶三维悬挂模型，照片旋转 180°

图 7 悬挂模型

图 8 二维悬挂模型

1

2

3

图 1 高迪在“古埃尔领地”工人之家的悬挂模型照片上所作的画，展现了他的设计

图 2 安东尼·高迪用悬挂模型工作超过 10 年

图 3 原始照片（下）和重建模型的镜像

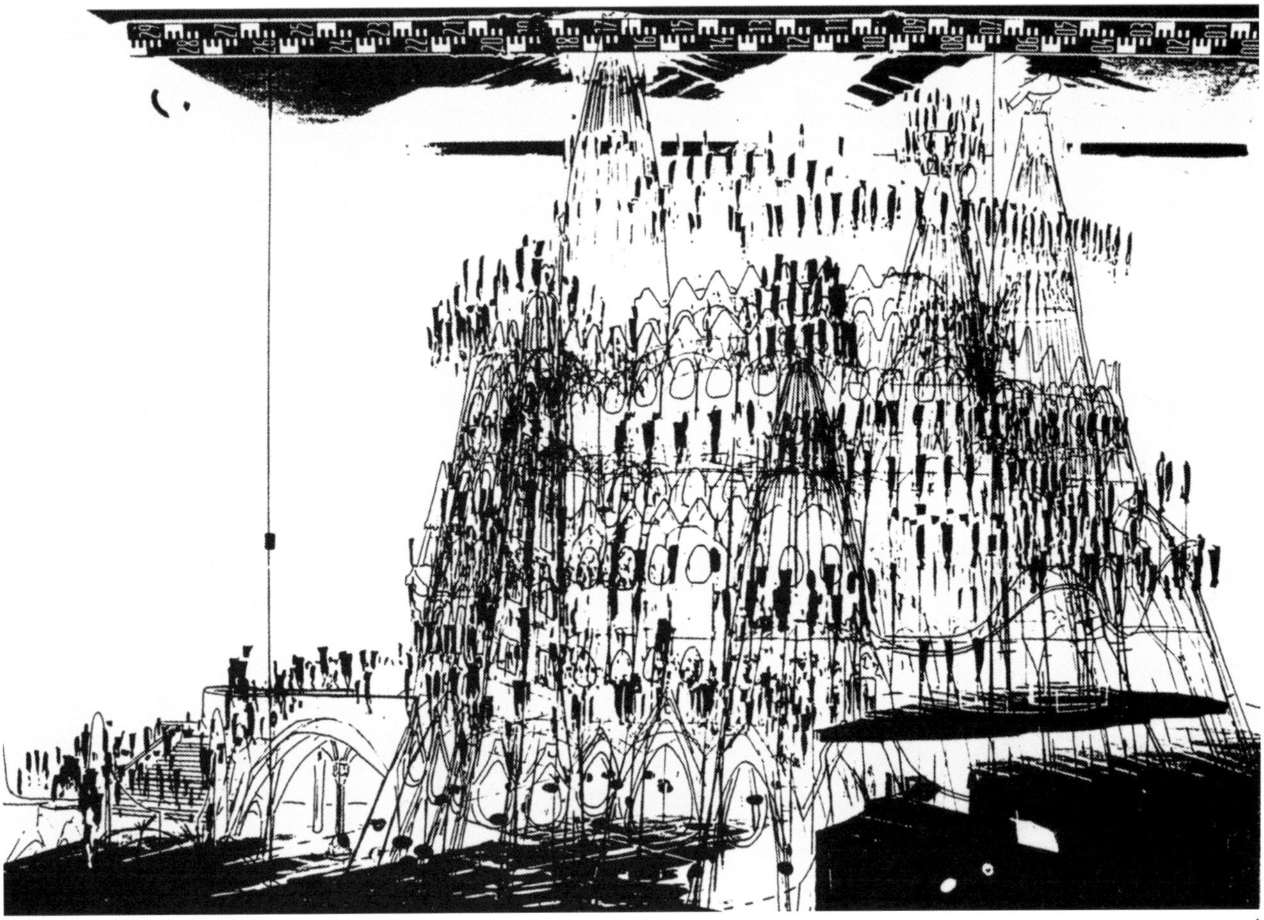

4

轻型结构研究所通过重建高迪 1936 年被毁的“古埃尔领地”教堂的悬挂模型，对安东尼・高迪的设计方法以及通过悬挂模型所设计的建筑有了全新的认识。这个教堂仅有部分得以实现，而当高迪所做的悬挂模型失踪时人们对于这一重要工作还知之甚少。

这项重建工作最初是为了 Gesamthkunstwerk 展览制作展品。但这对于轻型结构研究所并不重要，这项工作为建筑史研究提供了一个有趣的机会。模型展现了高迪的建造方法。它提供了迄今为止尚未为人所知的信息，也就是高迪如果完全以该模型为蓝本的话，这座教堂将会建成什么样子。

5

图 4 将重建模型（旋转 180°）的照片进行黑白反转，并将其轮廓描绘出来

图 5 根据重建模型所做的线描图，主要依据图 4 的外轮廓

枝形结构

枝形结构作为三维支撑系统，现在正越来越多地应用于钢结构、木结构和混凝土结构的房屋中。这一形式相当古老，来源于早期的木建筑（pole building）。其全盛期是由中世纪的木工工艺造就的。而在哥特石砌建筑中也存在着石砌枝形结构。

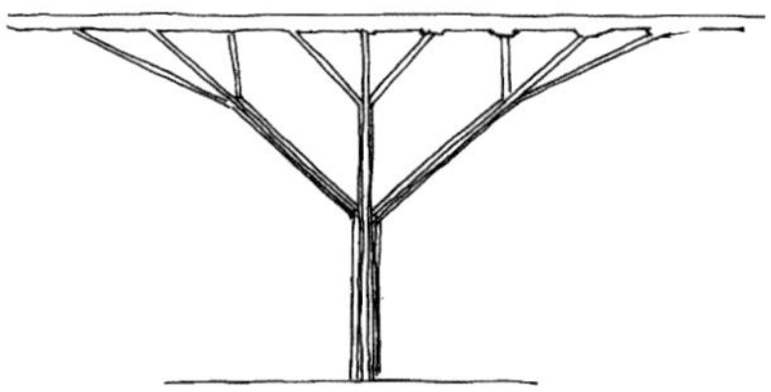

支承梁结构（图 1）相对较为不稳定。风和地震作用会将其推倒。同时要想让结构不发生下垂，就需要用特别粗的梁。

提供支撑可以让系统保持稳定（图 2），对梁的利用也更充分。在使用材料相同的情况下能够实现更大的跨度。

而对于屋顶面积较大的建筑，即便是最简单的木建筑，其支撑结构部件其实也已经是“树形支撑”了（图 3）。

木支撑的建造通常都是有非常有效但复杂的样式（图 4）。

在桥梁建设中会使用石质枝形结构（图 5）。

帐篷可采用枝形木结构（图 6）。通常帐篷中的枝形结构端部为圆形，称为驼峰帐篷（hump tent）。

在由木杆或木板条制成的悬挂屋顶中，由枝形支撑承载固定受拉屋顶的环形构件（图 7）。

如果力的传递超过了一定距离（或高度），垂直支撑的直接路径系统（图 8）形式就是其本身。

连接各点的总距离最短的路径系统，即为最短路径系统（图 9，5 点相互连接）。力的传递效率相对较低，因为外侧的支撑臂处于受弯状态。

在与之相应的，直接路径系统（图 10）中力的传输路径都尽可能的短，棍子处于受弯状态。而如果把施力点互相之间用梁连接起来，系统会变得更为有效（图 11）。棍子因而处于受压状态。

在最小绕路路径系统（图 12）中[与直接路径系统（图 10）有一定联系]，因为路径经过集中，力的传递更有效，增加了棍子抗弯的性能。

如果将施力点用梁连接到一起（图 13），会进一步增加其效率。

如果用非常细的棍传递很小的荷载，可以通过绳子的支撑（图 14）增加承载能力。

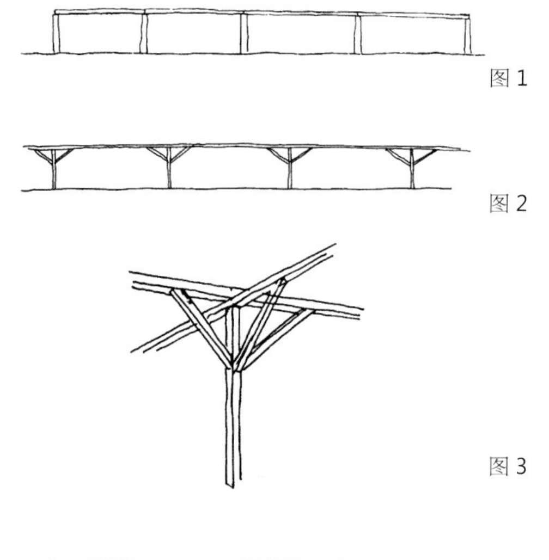

图 1

图 2

图 3

图 4

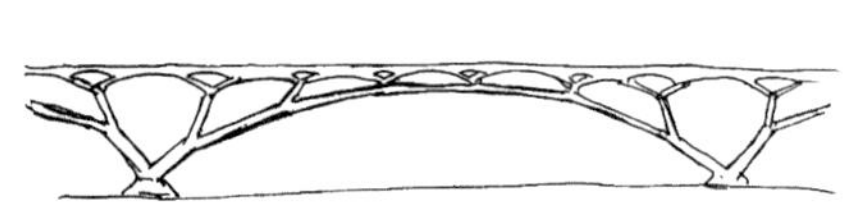

图 5

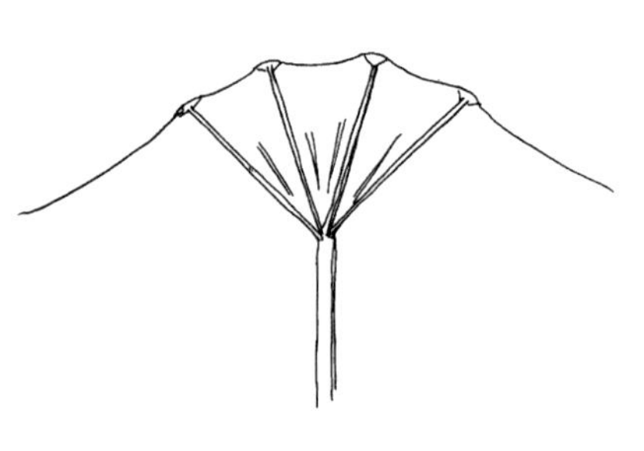

图 6

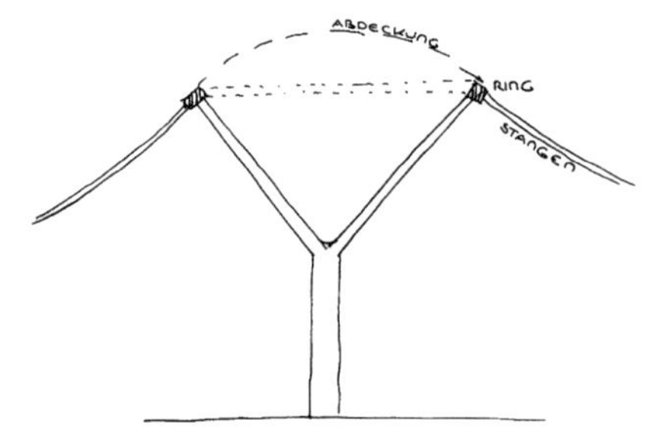

图 7

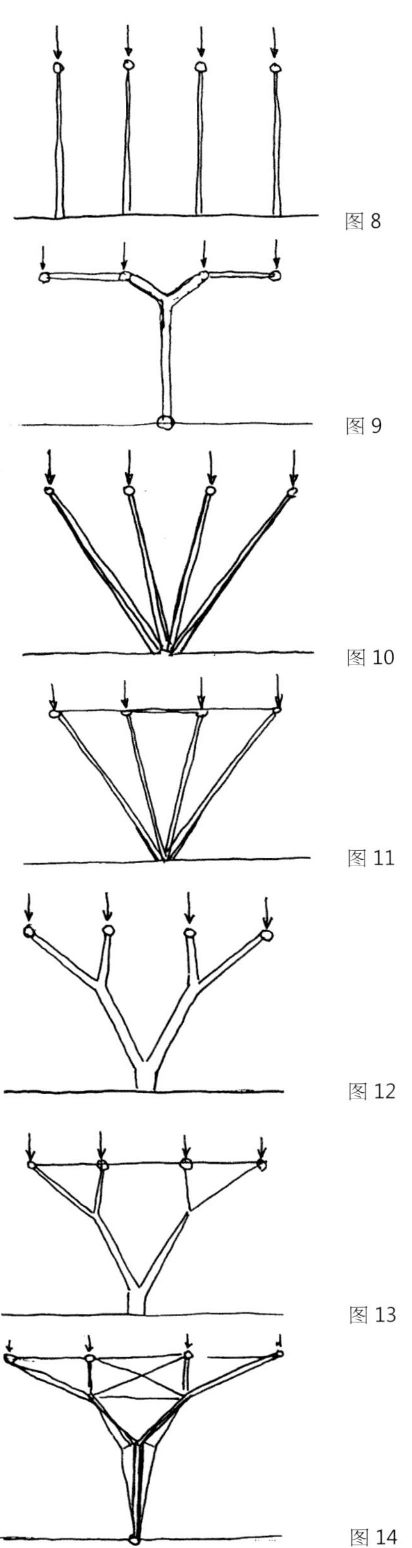

在为受压屋顶找形时，可以通过对两个平行玻璃板之间的肥皂泡进行观测（图 15），获得最小路径系统知识。

用钉子作为施力点，让橡皮筋在两点之间绷直，就形成了直接路径系统（图 16）。

如果细线比较松垮地连接在各点之间（图 17），然后用水弄湿（图 18），就形成了最小绕路路径系统。

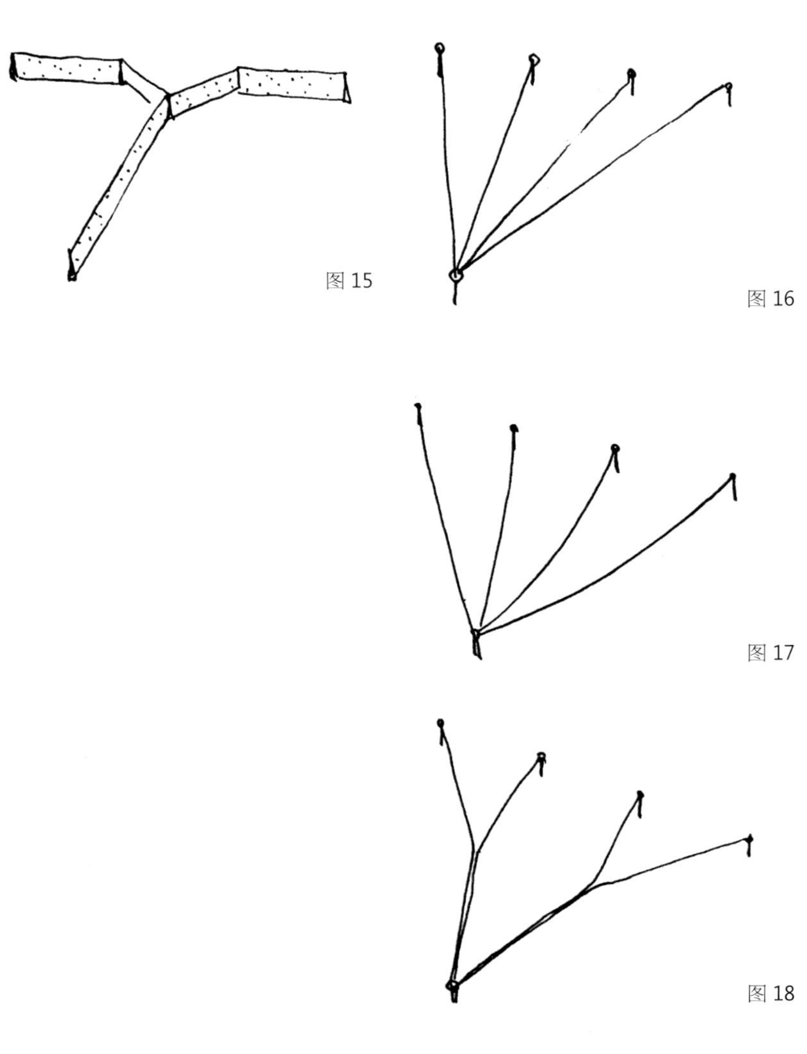

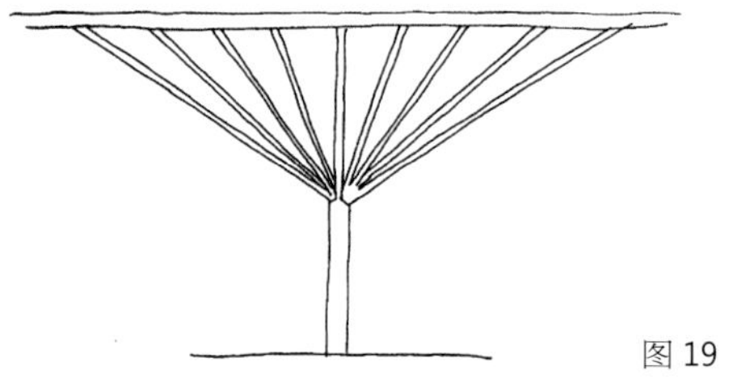

图 19

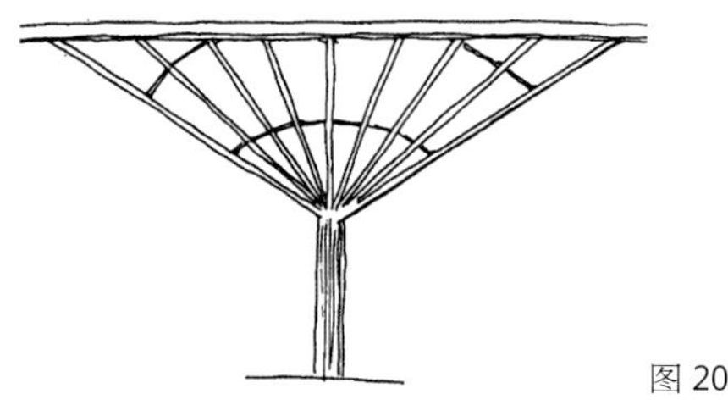

图 20

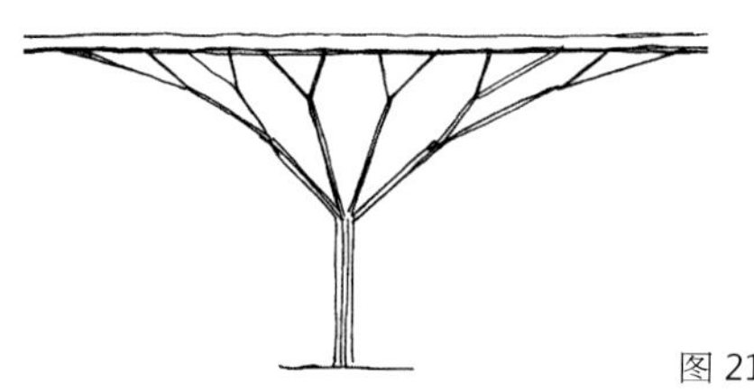

图 21

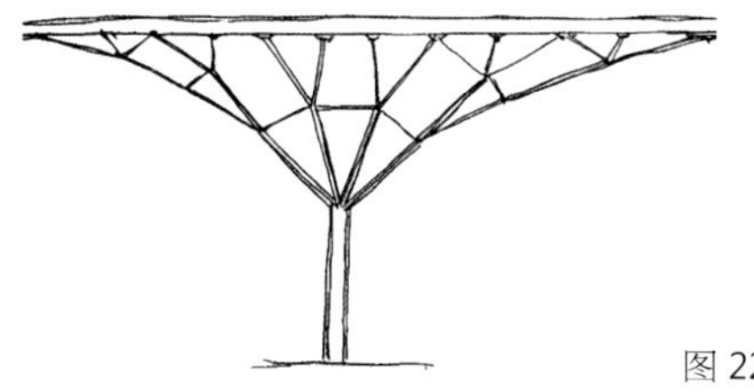

图 22

扇形结构（图 19），可用于木结构和钢结构建筑，可看作将直接路径网络物化的结果。

在大多数情况下，“支撑扇形结构”（图 20）更为有效，因为减小了受弯构件的受弯长度。

树形支撑结构（图 21）将最小绕路系统网加以物化。用到的材料更少，只需要细支撑就可以让承载能力更强（图 22）。

用植物支撑的结构也是枝形构筑物。可以类比于工程建造的枝形构筑物。

不论直接路径系统（如伞状花）还是最小绕路系统（如灌木）在自然界都有具体的实物。我们发现支撑肋和小草、树木和叶子的表面与平面承载结构的结合。

当前建筑工程的不同之处由其功能决定。在植物中，力作用于许多短期存活的太阳能收集器（叶子），维持生命的液体也在其中传送运输。

以下照片展现了弗雷・奥托在分枝方面的研究和项目，他从 1974 年就开始重点关注优化框架结构的理论。

1

2

图 1 用聚酯硬化的绳子做的悬挂模型，并加以反转，作为某展厅的初步设计模型，1960 年

图 2 枝形结构

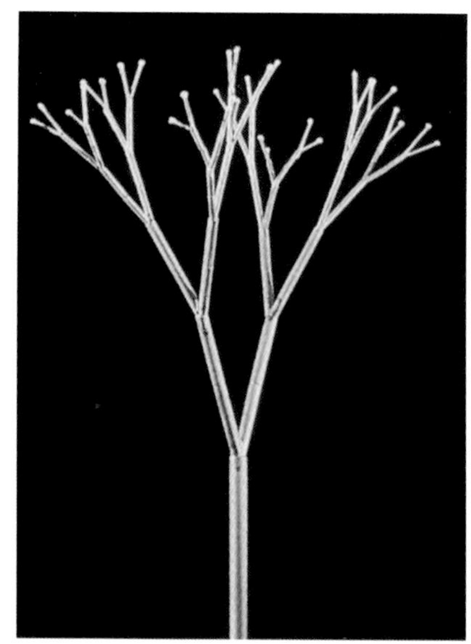

1

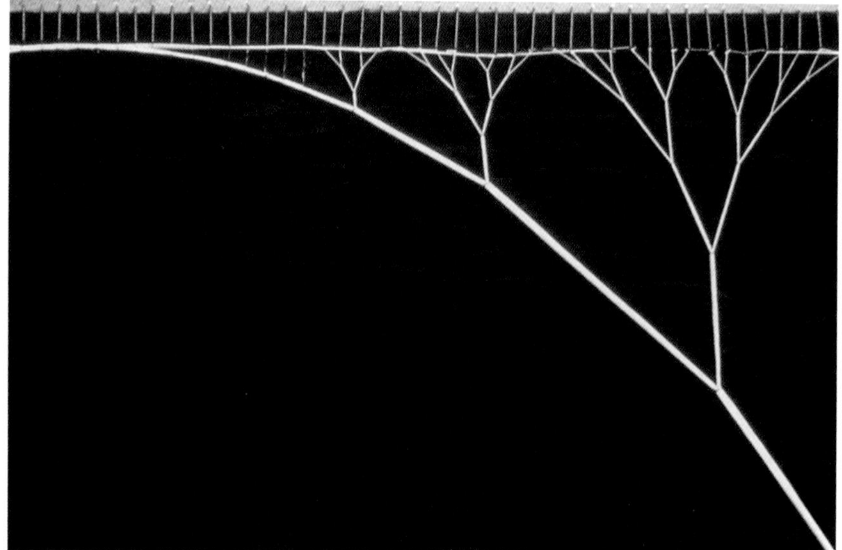

2

3

图 1 枝形支撑结构

图 2 用线制作最小绕路研究模型，1983 年

图 3 由充气枝形结构做成的铝铸件。弗雷・奥托所做的这一雕塑存放于法兰克福建筑博物馆（Museum for Architecture in Frankfurk）的小内院里

4

图 4 在 KOCOMMAS 项目中，将枝形结构用作六边形网壳的支撑结构。模型由铝管制成

图 5 弗雷·奥托所画的图，1980 年

图 6 用钢簧做的模型，由 Warmbronn 工作室于 1983 年制作，旨在研究受拉结构中的支撑力

5

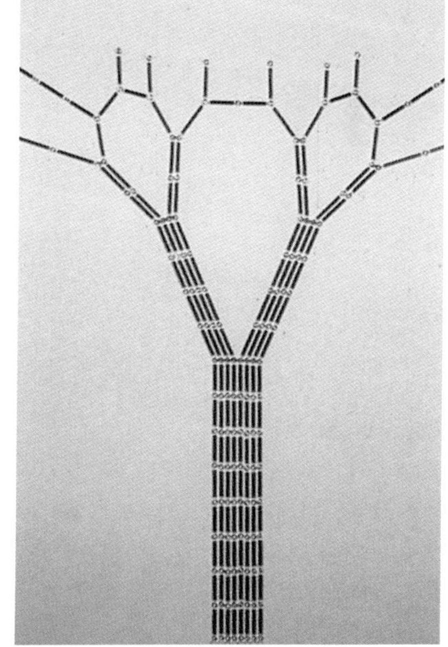

6

1

2

1991 年联邦研究与技术部委托弗雷·奥托工作室提交一份报告，他们与来自巴斯的埃德蒙·哈波尔德爵士（Sir Edmund Happold）合作，从生态和美学两个角度出发，为德国磁悬浮火车系统设计一种新的轨道。对于建筑师和工程师来说，再没有比这更难也更有意思的任务了，因为铁轨的构思需要同时考虑到美感、生态和经济等方面。路线和铁轨的设计对于高速磁悬浮列车非常重要。轨道的成本超过了整个运输系统的 3/4。它承载着磁悬浮列车，让列车飞一般疾驰。

高速磁悬浮列车是非常快速的交通运输方式。既需要做到环境友好，也应非常注意减少能源消耗。

列车开发非常先进，已经过测试并将投入使用。其速度可达 300 ~ 400km/h，最高时速接近 500km/h。结构形式和兼具美感的要求都是考虑整个磁悬浮列车项目可行性的重要部分。

列车的发展需要有新的轨道，又不应对田野、树林、乡村和城镇造成额外的负担。但是列车呼啸而过时，会给轨道施加很大的荷载。轨道需要建造得非常精确，不允许有形变。高架路线，应该是托着列车穿行于空中，同时在地面上只有很少的支撑点，

目前位于埃姆斯兰的测试轨道，是为列车发展需要而准备的。现在则有必要以此研发适用于未来的轨道。

新轨道绝不会让周围寸草不生。它看上去应该与景观相契合，所过之处应该就好像是生态环境的一部分，毫不引人注目。因此轨道只能占

磁悬浮轨道设计

图 1、图 2 带扇形分枝的结构形式

图 3 细网格梁展现了静态 – 动态连续统一体

图 4 多种结构形式呈现了从实心梁到细网格梁的工作过程

3

据很小的体积和地表面积，它也确实非常非常轻（省略了所有不必要的建筑材料），对地基造成的压力也尽可能地小。既便于建造，又不会在建造、更改，甚至需要拆除时（遇到地下水积水、植物或动物领地、现有小路、道路、水系、铁轨等）扰乱环境。工作团队检验了 10 种不同的结构形式，对 60 余个静态变体进行计算和优化，经过进一步的充分研究、规划和实际测试，找到了一种同时符合美感和生态需求的轨道形式，在成本方面也很有优势。

找形过程使用了确定直接路径系统、最小路径和最小绕路等物理方法。

展览模型展示了从实心混凝土和钢制成的梁到细网格耐腐蚀钢梁的工作过程，后者将建成为静态 – 动态连续统一体。

对磁悬浮轨道形式的研究也可用于对传统铁路系统的高速列车轨道的研究。

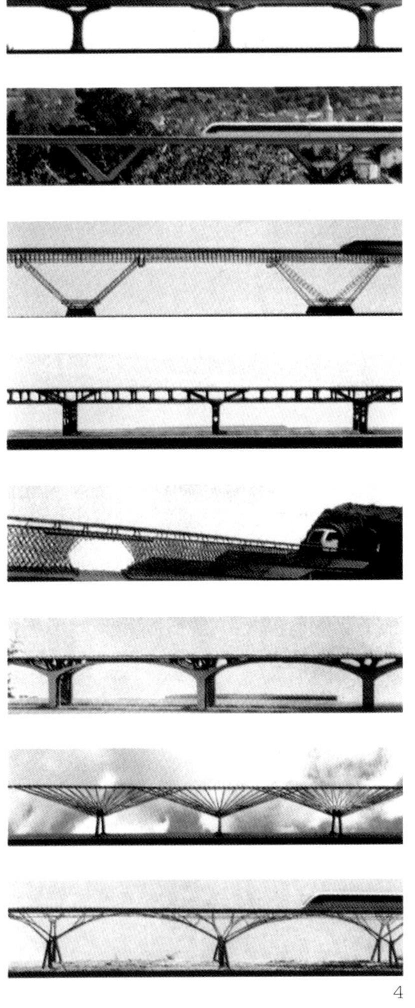

4

能源和环境技术

弗雷·奥托在他的《轻型结构研究》报告中曾经提及他的一些发明在能源和环境建筑方面的应用，在当时这一领域还不为人知，这些报告后来收录于 1962 年出版的《张拉结构》(*Zug-beanspruchte Konstruktionen*)第一卷。他从膜结构发展出各式各样的容器，囊括了从容量只有 100L 的小水箱到大型堤坝，从污水处理厂到悬挂谷仓，再到为有害垃圾场制作的活动屋盖等各种类型。

今天，人们的环境意识已经达到新的高度，这些事情得到了越来越多的重视，甚至成为公众关注的焦点。我们在这里还应该强调一点，即使到现在，弗雷·奥托也没有满足于仅仅让自己的工作停留在想法阶段，他总是在不断要求自己将想法付诸实施。他如同思想的宝藏，各种新念头层出不穷，具有令人惊叹的原创性。有些技术在今天看来已经稀松平常了，而有些直到现在听上去仍像天方夜谭。

还需要强调的是，弗雷·奥托很早就指出，不管对于什么环境项目，只有在统筹考虑了其整体能源平衡的前提下，其中包括生产和使用事物所消耗的能源，也包括使用完成后废弃的阶段，才能对其进行总体评判。而能源平衡的概念直到 30 多年后仍未被提及，可能是因为负责项目的人对于项目的完整全景缺乏认知。建筑总能耗一直是特定能效研究的组成部分，在 Bic 表格(见第 173 页图 5)中特定能效研究一直是非常重要而有效的工具。弗雷·奥托在环境保护理念方面也有自己的考虑，比如他认为防波堤和水坝虽然会造成一定的损害，但还是能保护人们免遭灾害。

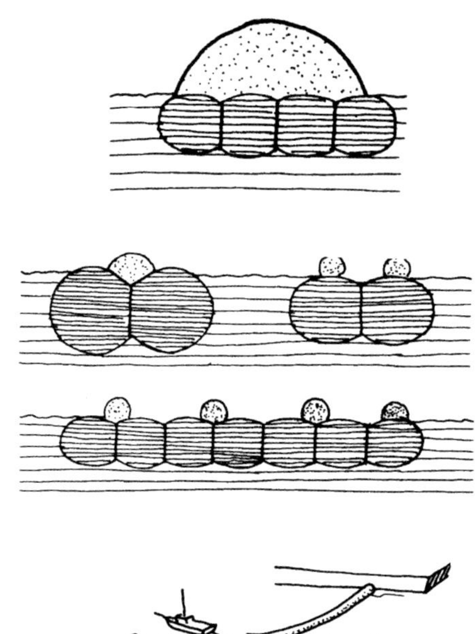

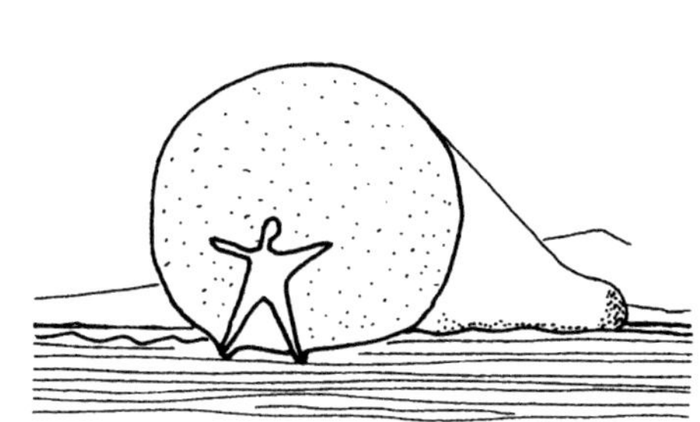

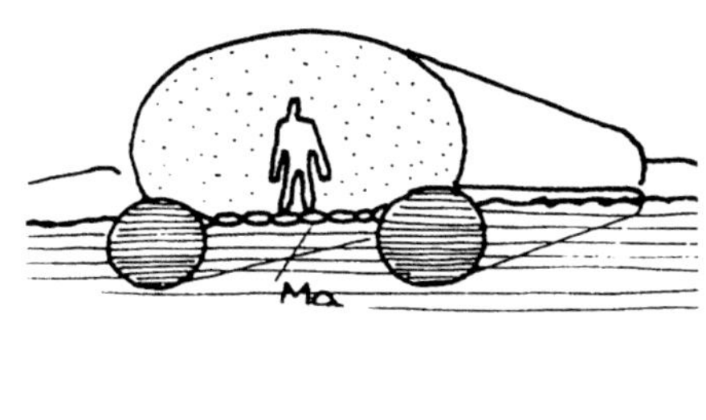

1

2

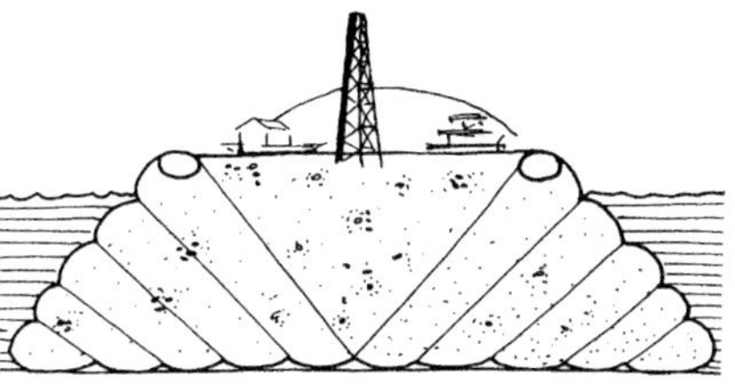

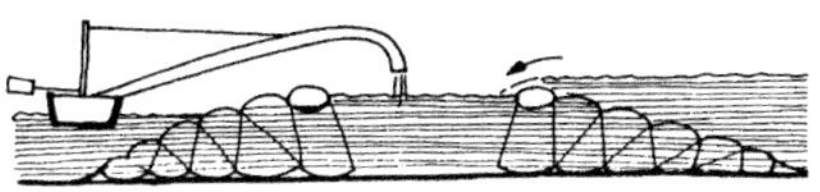

3

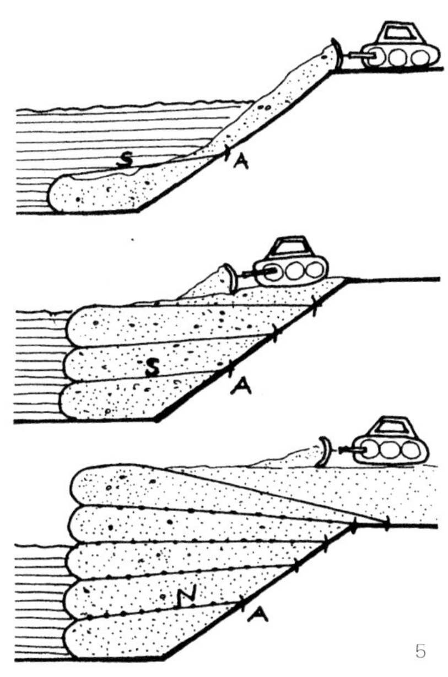

5

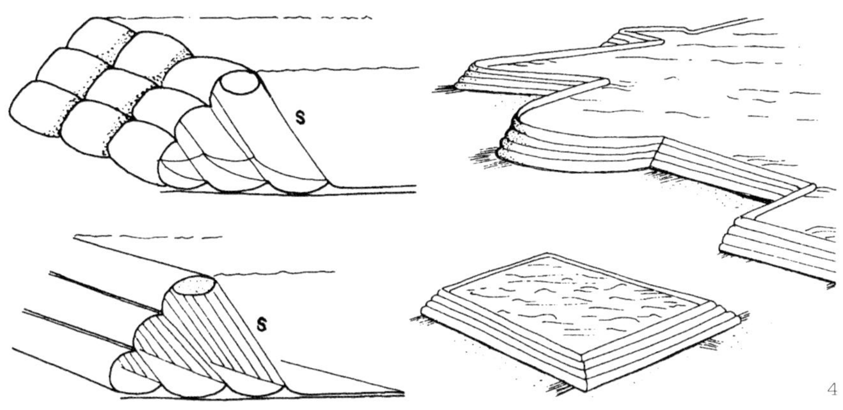

4

图 1 各种漂浮的管子的草图，横截面不同

图 2 注满雨水的水库模型研究，1967 年

图 3 索网支撑的膜结构水坝，项目研究，1962 年

图 4 牵拉膜水坝草图，用于挡水或储水

图 5 管状结构草图，用作水坝、岛屿、防波堤、桥墩等

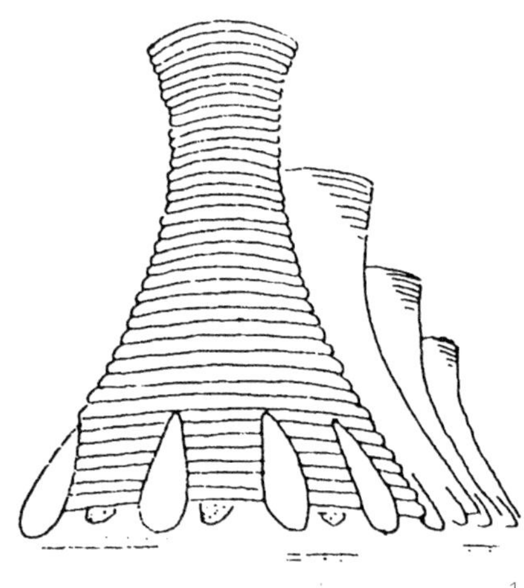
1

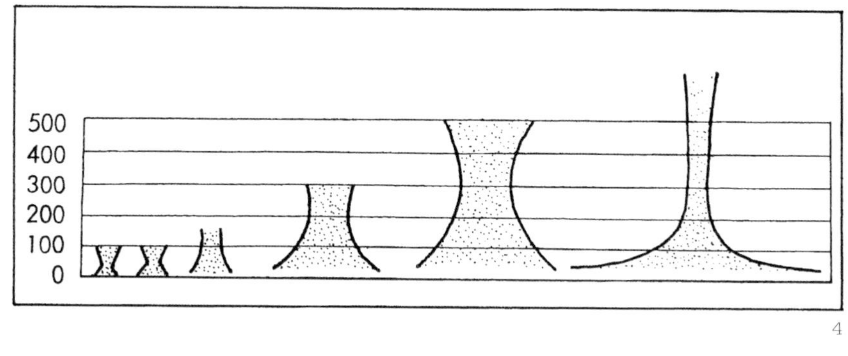

4

冷却塔、水箱和储能器都是弗雷・奥托的重要领域。从一开始就以使用被动膜结构收集太阳能作为一大特色，同时，在用折叠结构调节气候这方面，博多・拉希进行了深入细致的研究，并开创了全新的可预测过程，这样在炎热气候条件下，无须消耗太多人工能源，就可以带来凉爽。第一次使用该方式是 1987 年在麦地那设计的一座建筑中，其最主要的步骤是采用折叠屋顶引入阳光，这样就避免了让建筑必须像游泳池那样受天气的影响。由此可以根据天气变化，让露天的游泳池变成室内的，也可以给露天剧场加上屋顶。

弗雷・奥托设计了很多种方法，利用直接能源技术建造大型风力发电站，其中有一些非常有意思。而博多・拉希工作室则发明了光伏发电折叠伞状结构（享有专利）。

无须涉及太多的细节，可以说弗雷・奥托发现的找形过程有助于找到特定的环境友好结构，因为说到底，这么看来人也是自然的一部分，只要他不是用自己建造的东西去剥削、摧毁自然，那他就是自然法则产生和支配的一部分。因此，“人工”和“自然”之前其实是没有区别的，人工的部门是人的自然，也就是整个自然的一个组成部分。很多基础性研究领域的工作，都与 SFB 230 有关，使这些问题显得更为集中。

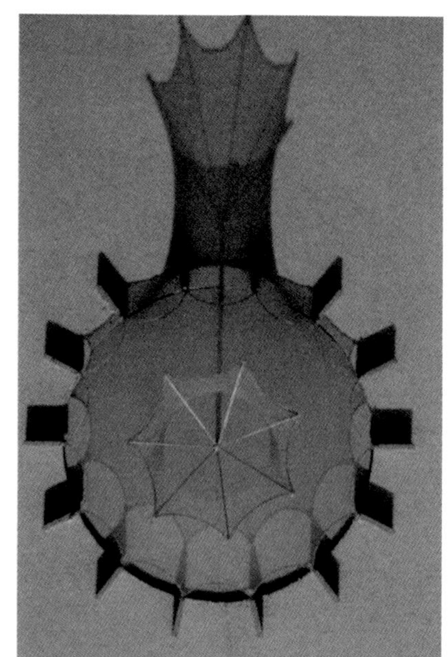
2

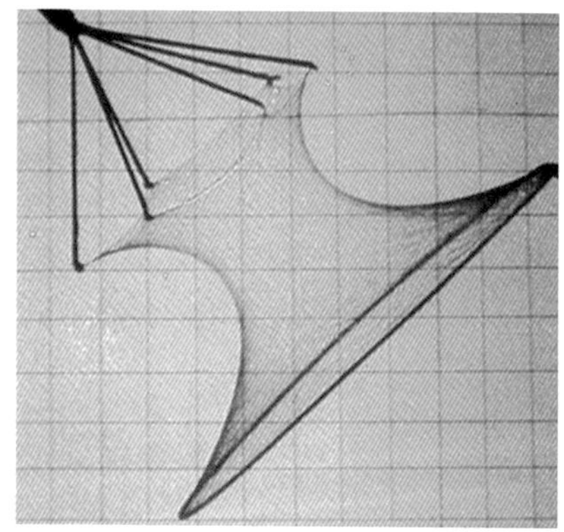
3

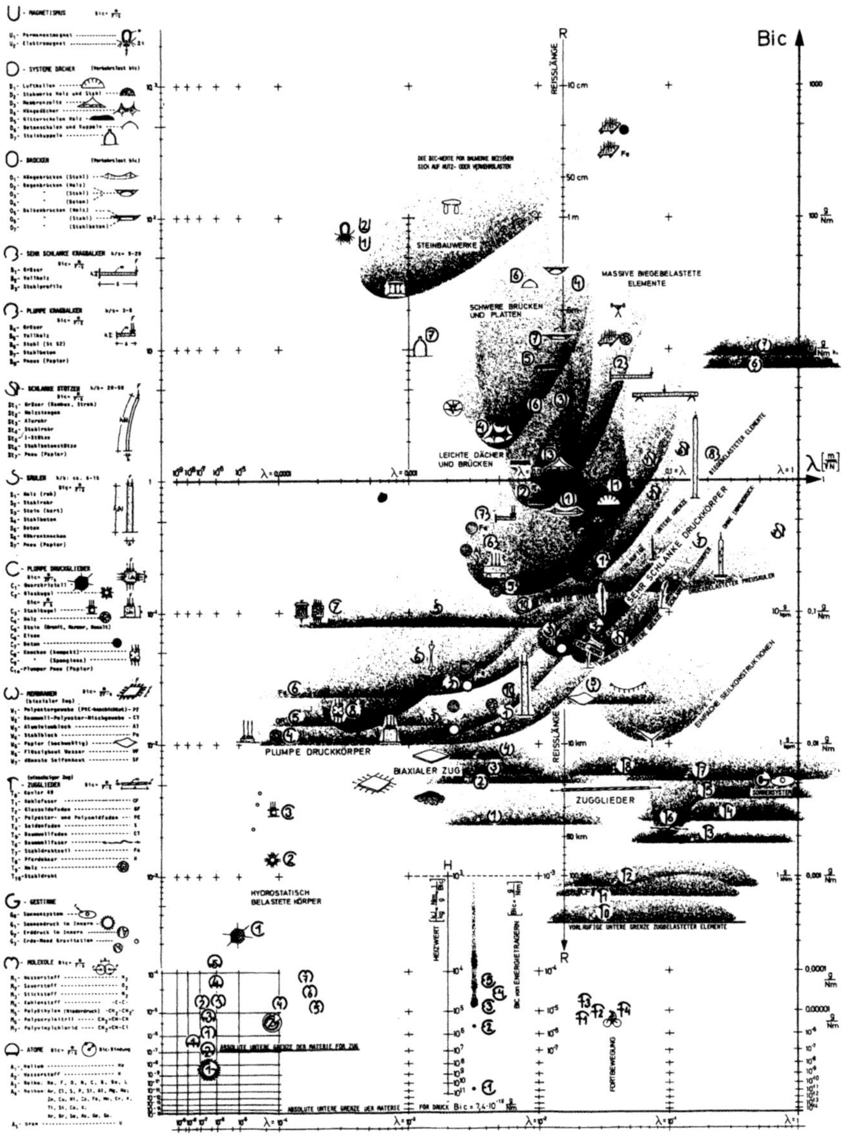

BIC：BIC 定义了施加的质量（m）和 TRA（F·s）之间关系。
TRA 是承受的力 F 乘以传输的距离（运动的距离）s

$$Bic = \frac{m}{Tra}\left[\frac{g}{Nm}\right] = \frac{m}{\sum_{i=1}^{n} F_i \cdot s_i}$$

λ：结构相对高跨比

$$\lambda = \frac{s}{\sqrt{F}}\left[\frac{m}{\sqrt{N}}\right]$$

F：力，单位为牛顿
s：传输的距离（运动的距离），单位为米
m：物体的质量，单位为克

$$R = \frac{100}{Bic} = \frac{cN}{dtex}$$

R：轴断裂系数，以 km 为单位，1 分特 =1g/10km

5

6

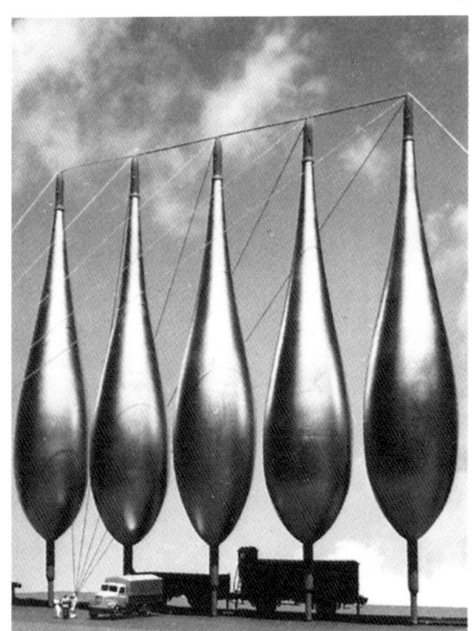

7

图 1 充气支撑的塔
图 2、图 3 制冷塔最小表面模型研究（见“网状结构”一章）
图 4 高冷却塔的横截面形式
图 5 Bic-1 图解，1985 年版
图 6 水塔项目，模型研究
图 7 盛液体和疏松物质的悬挂弹性容器

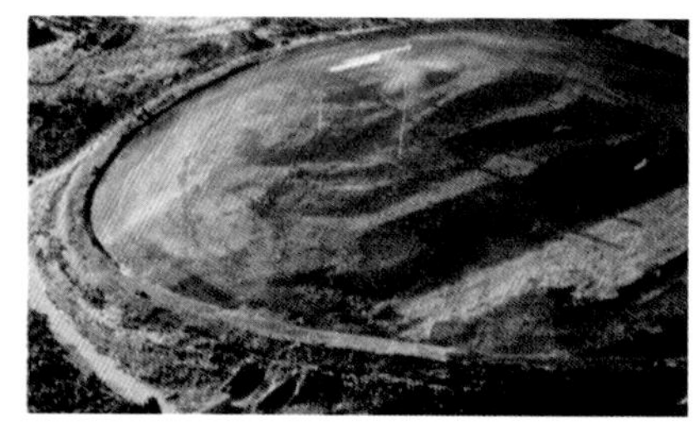
1

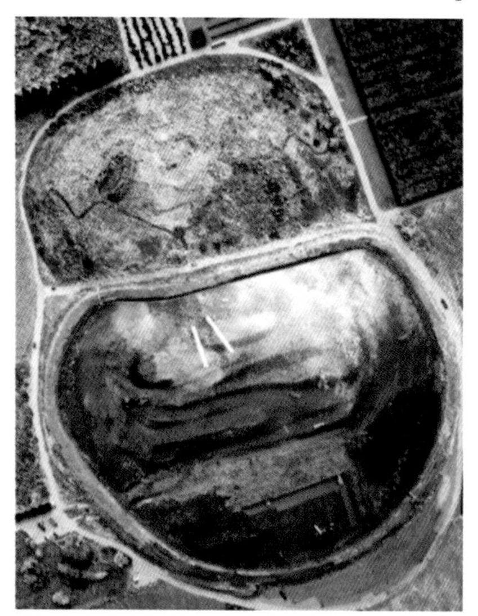
2

难处理的废弃物对空气和地表水造成的负担日益增长，是现代社会可能无法避免的罪恶。弗雷·奥托多年前就提出，可以在垃圾堆上盖上巨大的保护层再进行处理。在博多·拉希和埃德蒙·哈波尔德爵士的协助下，他提出了一种全新的处理系统，能够使处理过程避免接触噪声、灰尘和地表水，也能净化排放的空气。该系统的核心是一个大型可移动的绳网外壳，绳网由 12mm 粗的耐腐蚀绳索组成，网格大小为 50mm。网上覆盖着厚度为 1.0mm 的可回收塑料片，其中一些是透明的，一些可以透过一定阳光，还有一些则可以反光。不用价格高的混凝土锚固，而是用夯土墙，以非常简单的方式把网固定在地面上。室内为自然采光，不让能源浪费在人工照明上。

穹顶式屋顶的最大无柱跨度可达 500m，高 50m，就像纱一样轻薄；从景观上讲也是最佳解决方法。只需要施加非常轻微的压力，大约 0.003bars，就可以让膜紧贴着绳网，使得整个外壳保持平稳。

该外壳结构在理论上非常宜于弯曲而有弹性。即使因地面情况或边界发生改变而产生较大变形也不会有问题。大棚的形式、地表面和体积即使在使用状态下也都可以改变。

用挖掘机就可以移动夯土墙，此外也可以把外层的一条网和膜挪走，移到另一侧。这样就可以在密封的垃圾堆上缓慢移动外壳，腾出地方给新的难以处理的废弃物。如果垃圾堆达到一定高度，就要用永久性的密封条把它密封起来，随后种植绿化，转变为一处精心设计的景观公园。

由于最初的废弃物数量不多，外壳也比较小，因此初期投资较少。这一新型生态技术系统具有材料所费不多，具有工程启动便捷，整体投资可控等特点，可由垃圾处理厂现有人员进行安装，无须专家和机构协助，但需要定期进行系统性检查。

图 1 ~ 图 4 这些图展示了有害废弃物堆放场移动外壳设计的模型和图纸

3

移动变化的外壳（覆盖层）

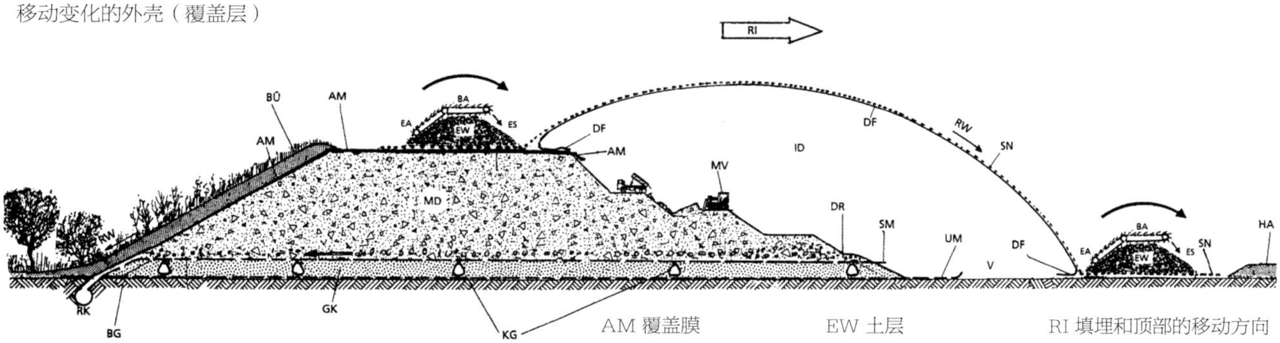

AM 覆盖膜
BA 挖掘机
BG 建筑用地
BÜ 绿化、绿植
DF 顶部薄膜
DR 排水设备
EA 挖土
ES 填土
EW 土层
GK 粗砾石
HS 腐殖质，基质
HA 腐殖质降解
ID 内部压力
KG 检查廊道
MD 垃圾填埋
MV 垃圾分类
RI 填埋和顶部的移动方向
RK 环形槽
RW 雨水
SM 保护膜
SN 钢丝网
UM 底部保护膜
V 准备工作

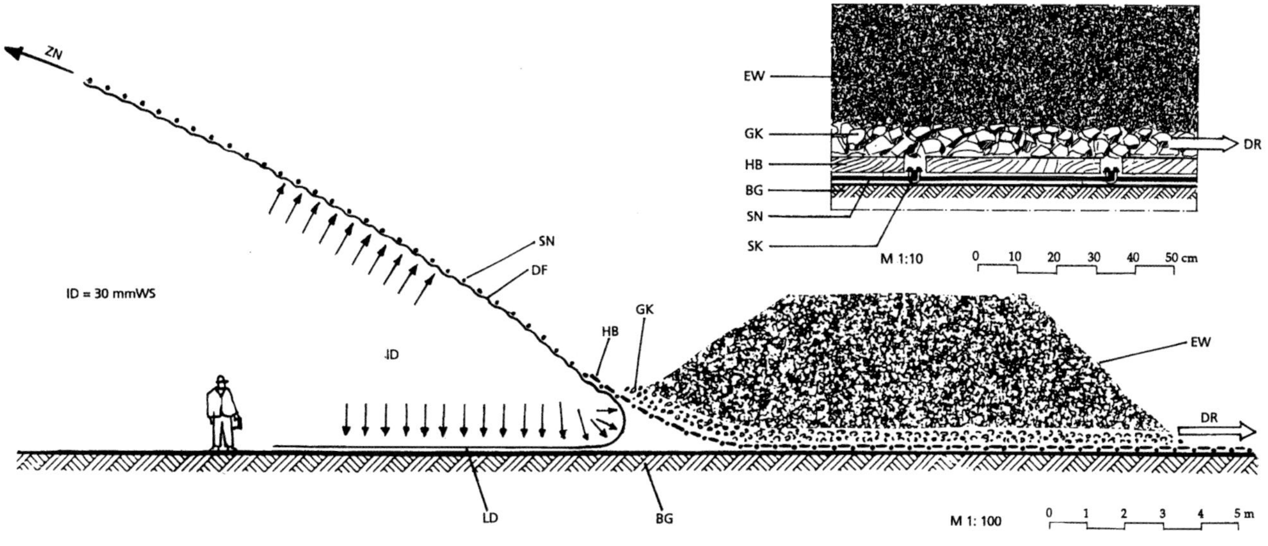

4

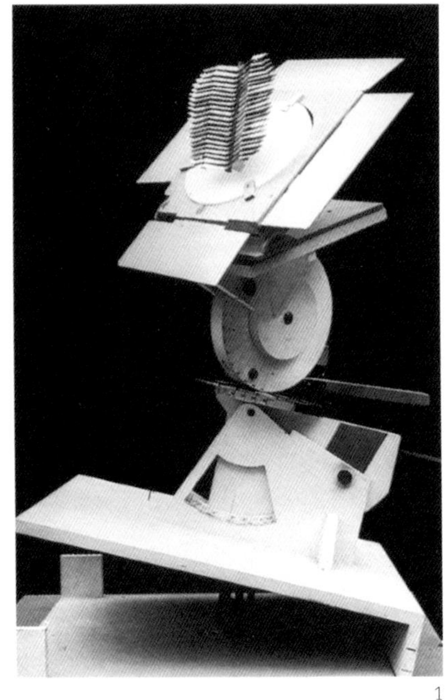
1

3

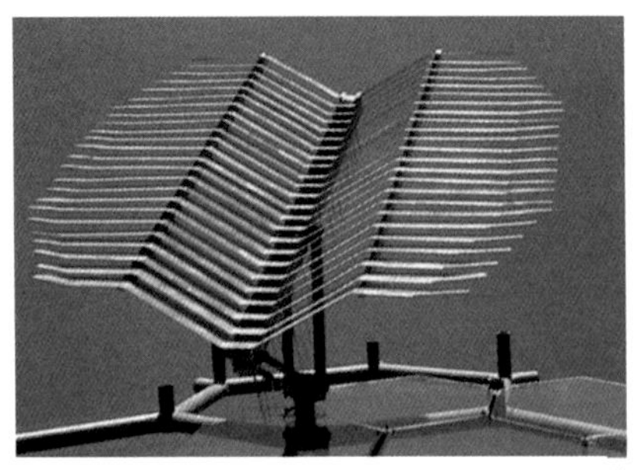
2

4

5

图 1 该装置能够显示地球任意位置任意时间的太阳位置和投射阴影

图 2 八角形格网壳体遮阳体，沙特阿拉伯利雅得 KOCOMMAS 项目设计（见第 143 页）

图 3、图 4 沙漠里的遮阳物，1972 年

图 5 太阳能电站草图

6

7

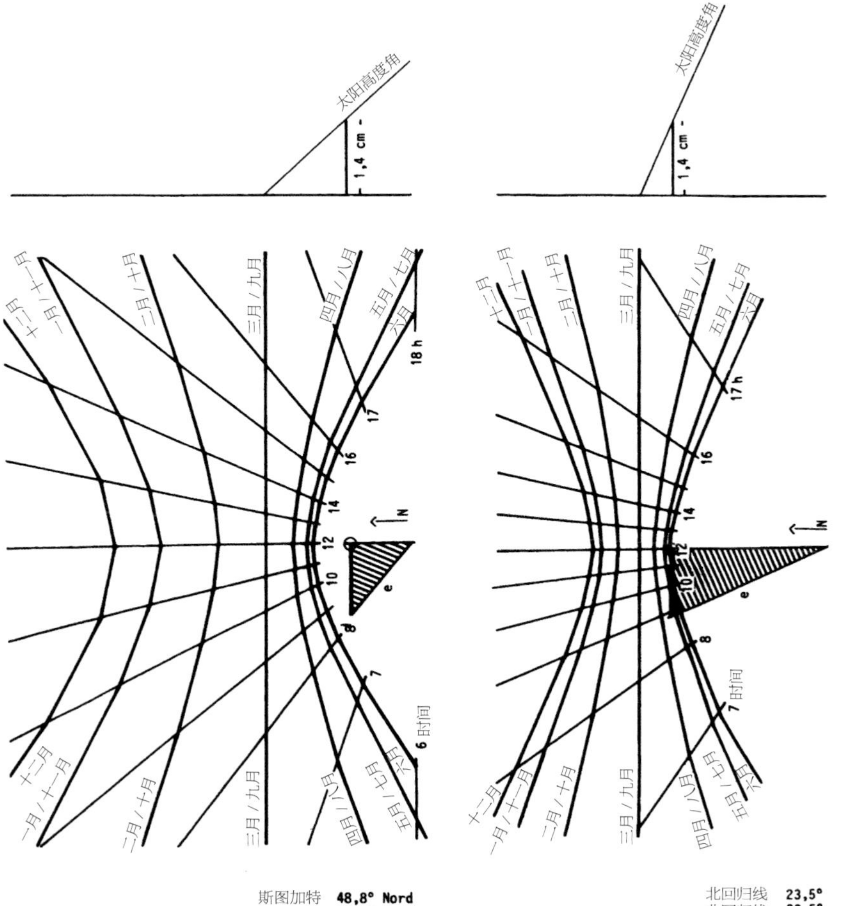

8

图 6、图 7 5m×5m 太阳能驱动伞结构圆形，沙特阿拉伯，1987 年（见第 190 ~ 191 页）

图 8 水平日晷

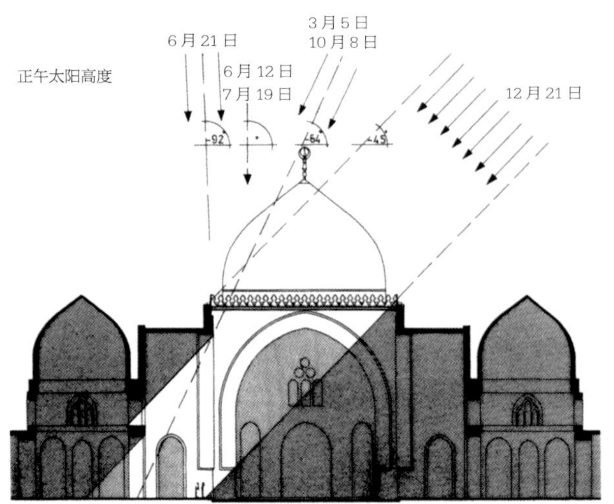

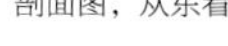
剖面图，从东看

剖面图，从东看

沙特国王清真寺，遮阳篷
详细设计：根据太阳黄道计算阳光照射情况

1

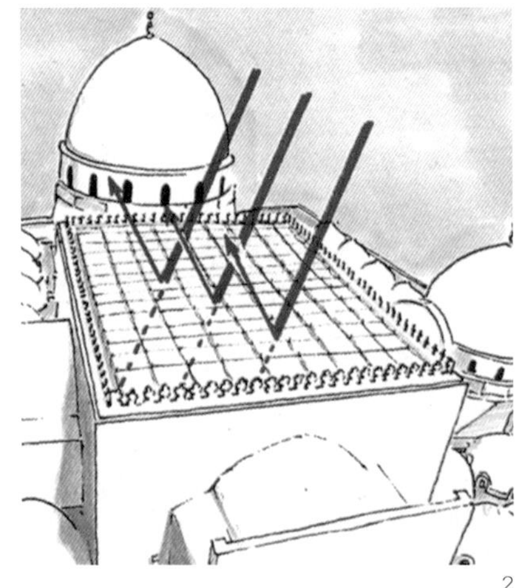

2

3

在南方地区，强烈的阳光照射一直是个严重问题。内院因为空气流通差，热气会很快上升，到了夏季，温度甚至经常会很快上升到 50℃以上。

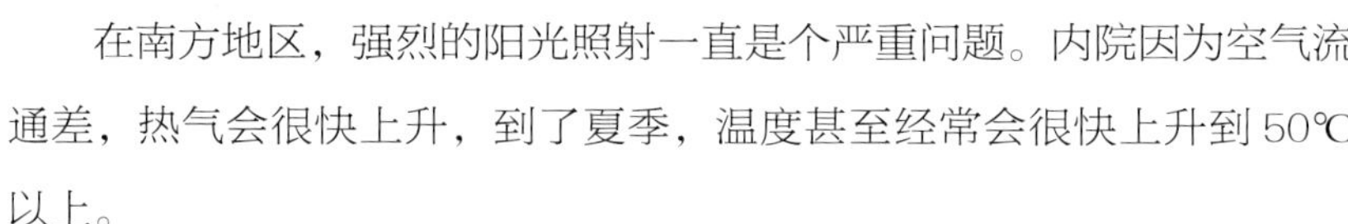

博多・拉希工作室为清真寺的内院发明并建造了一系列折叠屋顶，为改善建筑气候做出了显著贡献。

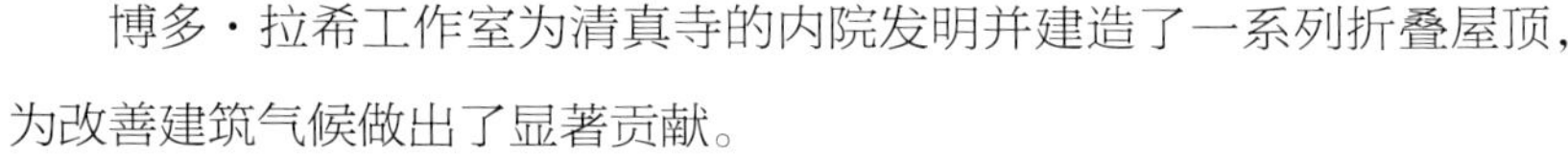

麦地那清真寺的内院里共安装了 39 个折叠遮阳装置，12 个折叠伞和 27 个移动穹顶（见第 195 ~ 199 页、第 210 ~ 217 页）。运行后的测量证明折叠屋顶确实对于建筑气候有显著影响，能将温度绝对值降低 10%。

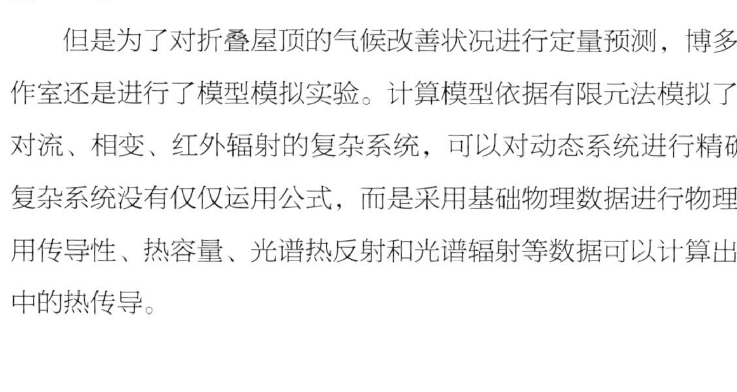

但是为了对折叠屋顶的气候改善状况进行定量预测，博多・拉希工作室还是进行了模型模拟实验。计算模型依据有限元法模拟了具有自由对流、相变、红外辐射的复杂系统，可以对动态系统进行精确的表述。复杂系统没有仅仅运用公式，而是采用基础物理数据进行物理描述，利用传导性、热容量、光谱热反射和光谱辐射等数据可以计算出实体建筑中的热传导。

神圣先知清真寺（Prophet's Holy Mosque）的各个地方共安装了32个感应器，测量和存储温度、相对湿度、风速、太阳辐射、热辐射、气压等数据。数据收集工作于1994年12月结束，结果评估于1995年夏季完成。

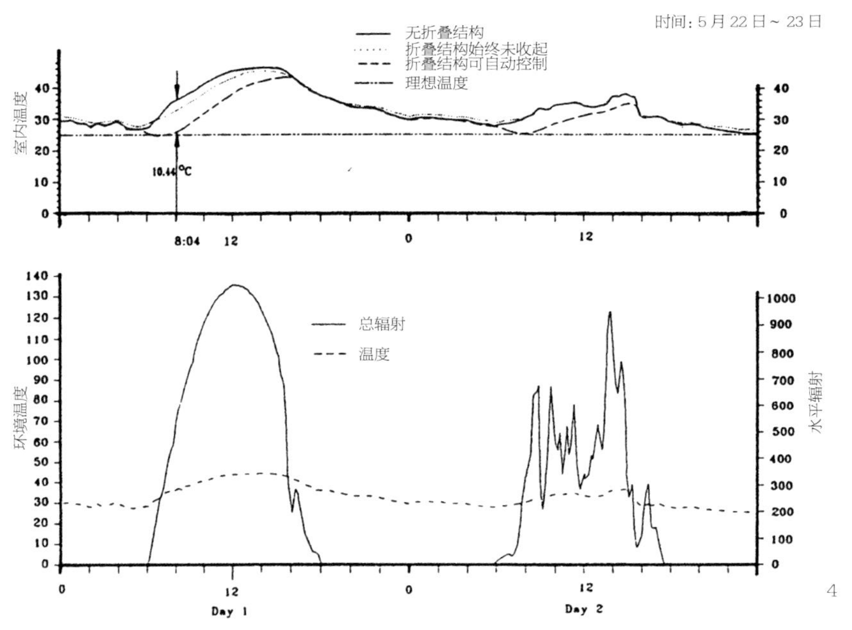

4

6

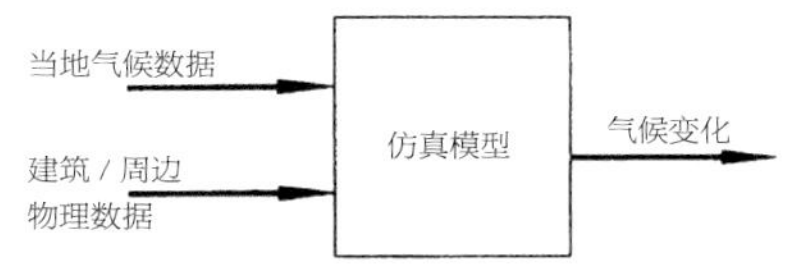

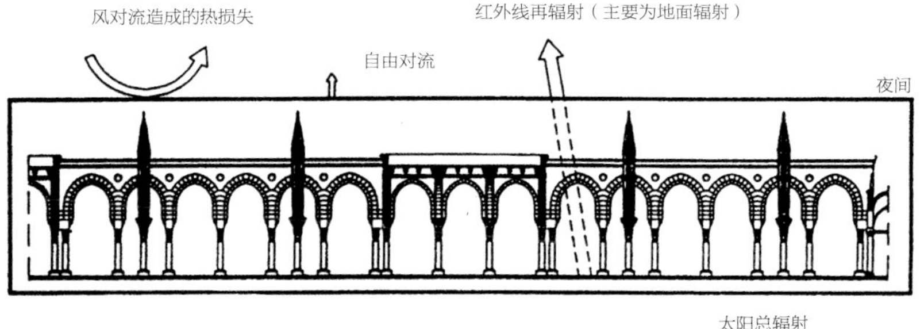

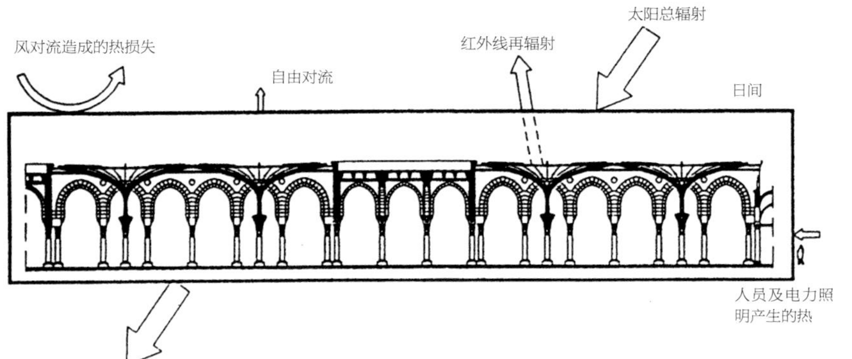

利用折叠屋顶调节气候

图1 内院遮阳设计研究，沙特阿拉伯吉达沙特国王清真寺

图2、图3 这两张图显示了白天关上遮阳篷，夜间打开这种方法可以对气候进行调节的原理

图4、图5 麦地那神圣先知清真寺内院气候调节研究（见第193～196页图）

图6 折叠屏风，位于麦地那神圣先知清真寺两个大型内院其中之一，1993年

折叠结构

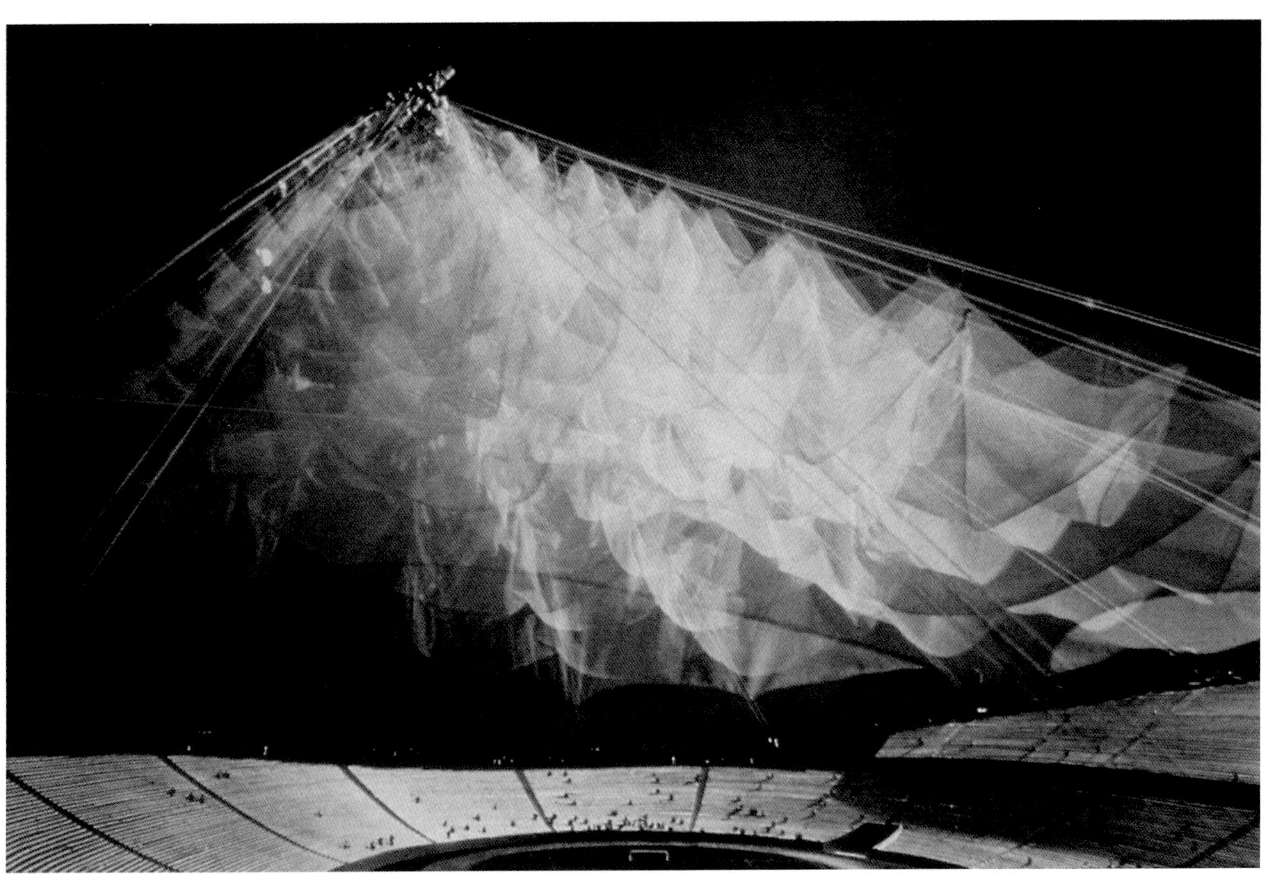

让建筑动起来的理念其实非常古老，人们借此让建筑适应气候条件的变化。即使在古代，也有用可移动的屋顶来遮挡阳光，调节室内气候的做法，从给小院子上加个几平方米大小的遮蔽物，到罗马人常用的给大型剧场和圆形竞技场加上遮阳篷——他们称之为船帆（vela）。也许最出名的传统折叠屋顶是西班牙至今仍在使用的“托尔多”（toldo，即西班牙语“遮阳篷”之意）（图 2）。他们在两条平行的绳索之间拉上棉质的遮阳布，贯穿整个街道，遍布室外。这些遮阳棚采用非常简单的绳索装置，很容易从房屋、屋顶和街道等地挪走，虽然简陋，却证明了坚固的和轻盈的结构能够互为补充，相得益彰。

1

2

折叠屋顶的建造方式，使其可以经常在相对短的时间内按照需求变化形式，解决了其他方法解决不了的问题。其结构形式非常多样，可以从简单的遮阳篷到相对复杂的移动穹顶，后者既包括摩洛哥长期以来一直使用的形式，也包括博多·拉希在 1992 年为麦地那神圣先知清真寺的 27 个内院所做的遮阳物。

弗雷·奥托发展的创新轻型结构，用尽可能少的材料和体积覆盖更多的面积，使得人们对轻型结构的关注逐渐增加。通过这些具有开创性的工作，他不仅制造了一批新的折叠屋顶，也形成了高效的运转系统，找到了特别适合的材料。

经过这些发展，他们可以建成只在需要的时候出现的建筑——大型自动控制帐篷，只需要几分钟就能提供抵御气候影响的场所。

“铁面人”（Masque de Fer）露天剧场的屋顶建于 1965 年，是第一个带外侧斜桅杆和屋面向中心集中的折叠屋顶。桅杆的框架结构经过优化，将受压杆件减少到最低限度，而以多重拉索来降低屈曲长度（buckling length）。1000m^2 的屋面只需要短短几分钟就能铺开，遮蔽面积达到 800m^2。屋顶悬挂于 16 个点位的滑车上，每个滑车都有自己的牵引线和绞盘。

图 1、图 2 三点悬垂的浸胶布形成的折痕
图 3 传统的用于遮阳的托尔多，西班牙科尔多瓦街道
图 4 内院里的托尔多，开罗乌尔曼·卡特胡达清真寺（Uthman Katkhuda Mosque）
图 5 法国戛纳赌场露天剧场的折叠结构

3

4

5

1

2

在巴赫斯菲德（Bad Hersfeld）的学院教堂（stiftskirche）废墟需要建造一个折叠屋顶结构，位于废墟上方，但又不会对这一罗曼建筑遗迹的空间环境造成影响。

弗雷・奥托的柏林工作室1959年参加了方案竞赛，8年后接受委托进行具体建造的设计。该折叠屋顶于1968年建成，为中央桅杆支撑的可收缩膜结构屋顶。桅杆矗立于教堂废墟的中殿位置，后方设有两根拉索，前方设有14根拉索，这些拉索像由一点射出的光线一样，绳索上设有自驱动牵引器，屋面悬挂其上。这些绳索牵引器是由斯图加特的Haushahn公司专门为该屋顶设计的，经过25年性能丝毫未损，至今仍在使用。

屋顶只需要4分钟就能铺设完成，覆盖面积达1315m^2。屋顶形式使用具有移动功能的模型确定，模型比例为1：50，此外还能根据这个模型探讨屋面收起、折叠时的各种问题，确定开合的过程。最初的膜屋面是灰色的，使用多年仍保持强韧，到了1993年更换成了白色不透光的形式。

1988 年，博多·拉希的工作室完成了一个类似的项目（图 3 ~ 图 5）。他们将折叠膜结构置于卢森堡维尔茨（Wiltz）一座古堡的露天剧场中，这样的外观在场地内不会引人注目，在进行露天戏剧演出时也不会产生干扰。屋顶的支撑结构环绕观众席和舞台区域布置，由支撑钢管、拉索和绳圈组成。膜折叠起来后放在舞台对面，上面是轻盈的屋盖，不会妨碍观众席的视线。天气不好的时候，可以用电动控制的牵引机械将屋顶牵移到位，然后自动展开。

展开后的屋顶（面积可达 1200m^2）呈巨大的马鞍形，覆盖的舞台和观众席范围大致相等。屋顶曲线朝向舞台升起，旨在提供一个看到古堡遗迹的视角。圆形锚固板是硕大屋面的结构支撑，膜结构悬挂在支撑绳索上，并在绳索上移动。演出季结束后，整个屋顶结构都可以运走，毫不费力就可异地重建。该项目的绳索牵引器采用的驱动方式和巴赫斯菲德项目类似，都非常有效，但建造该项目的公司采用的方法在技术和美观上相对没那么出色。

3

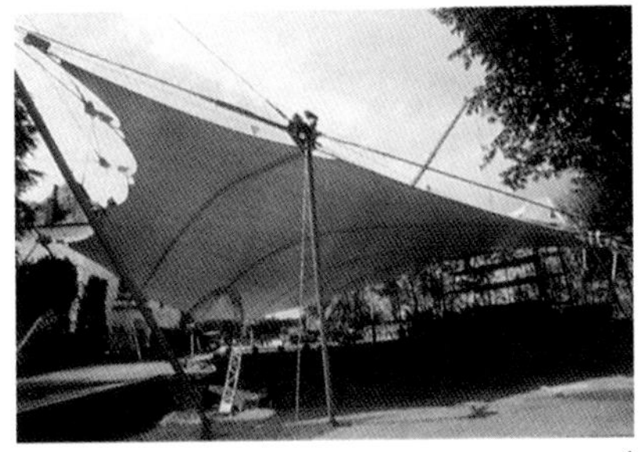

4

5

图 1 只需要不到 4 分钟就能将覆盖于巴赫斯菲德学院教堂的膜结构屋顶展开

图 2 从上方鸟瞰屋顶

图 3 ~ 图 5 卢森堡维尔茨露天剧场的折叠屋顶，1988 年

图 3 模型表现

图 4 展开的膜结构屋顶，形成了一个巨大连续的马鞍形屋面

图 5 折叠后的膜置于观众席后方

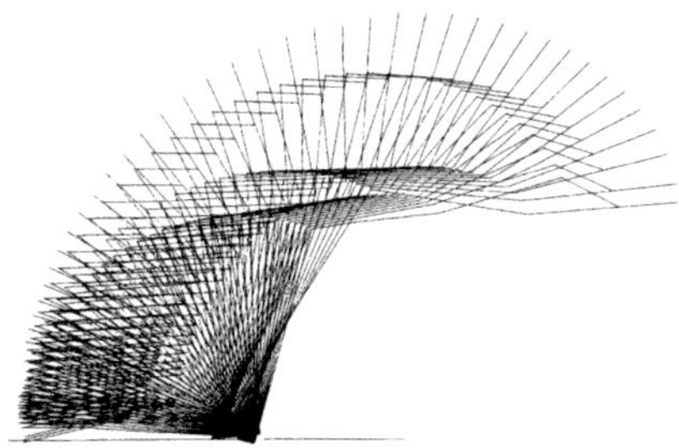

1

2

图 1 “敞篷车”（Cabrio）折叠看台屋顶的展开曲线和模型，作为设计原型，已得以建造，1986 年

图 2 某多媒体体育场的折叠屋顶

用折叠屋顶遮阳的最大优势，在于可以做到既生态又经济地有效控制建筑气候。用屋面阻挡阳光直接照射到建筑的表面能够降温。而打开屋顶，又可以释放已储存的热量。这意味着可以再辐射出比白天日晒更多的热量。所有相关表面之间的热量动态运动使得某些日子被遮蔽的表面会比周围环境的温度显著降低。

1987 年，博多・拉希为沙特阿拉伯的库巴清真寺（Quba Mosque）设计了一个在内院遮阳的托尔多。这一结构由两部分组成，悬挂于绳索上，从侧边展开或折叠。由位于长边的两个管状承载网格支撑。

半透明的膜由上下两层组成，使用铝管将两层网状的条带连接到一起。膜屋面通过滑车悬挂在起支撑作用的绳索上，依靠电机进行移动。

在夏季，建筑的室内温度会整个降低到一个较为舒适的区间。而在冬季，这一原则就颠倒过来：通过在白天打开屋顶，在晚上闭合，将热量保留在清真寺中。

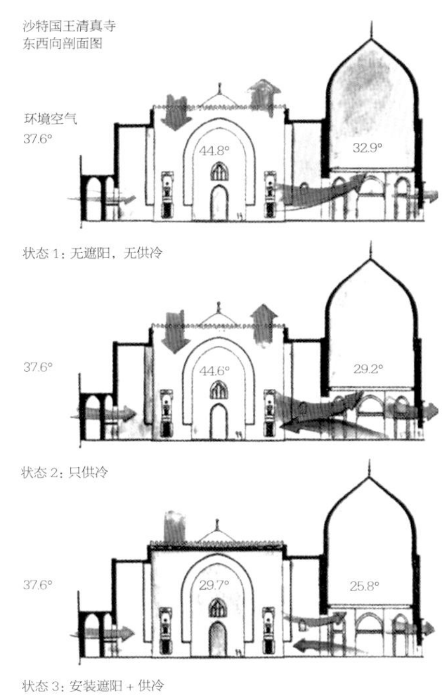

3

4

5

图 3 借助折叠屋顶的遮阳效果，对吉达沙特国王清真寺的内院气候进行气候调节的研究

图 4、图 5 库巴清真寺内院的托尔多，沙特阿拉伯麦地那，1987 年

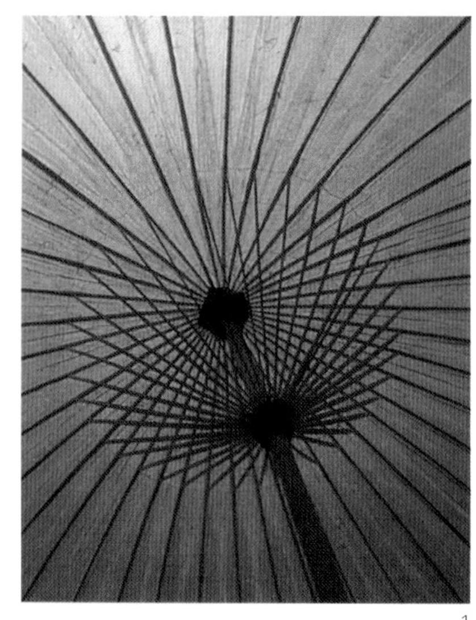

1

2

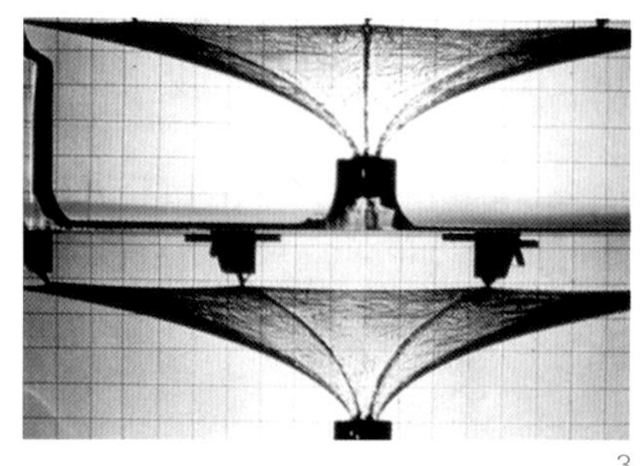

3

可以肯定，伞是最古老的可折叠类型，也是一种非常有用的小跨度屋顶结构。它本身就是一种原型，在形式上和结构上与圆顶的和锥形的帐篷有所关联。伞在所有文化当中都是一种代表威严的符号，是精神或世俗权力的象征。伞也更像是移动的华盖（baldacchino），象征着其所护卫的人的显赫与地位。无论对于以前的中国皇帝还是埃及法老来说，它一直都表达了一种特殊的存在感。

传统上的伞可谓样式繁多，在材料、形式和寓意上有着许多变化。其中最简单的形式就是一根中心柱上附着若干可动的或固定的伞骨。伞上覆盖着织物、树叶、皮革、纸、羽毛等等材料。受拉膜、屋顶肋、伞骨和中心柱构成其结构单元。

20 世纪 50 年代，弗雷・奥托根据最小表面原理发展出一种新的伞的形式。这种伞呈漏斗状，其外膜只承受拉力，撑开膜的伞骨则为受压构件。因此这种结构类型在技术上和结构上可以做成很大的折叠伞状结构。

此类伞状结构的第一个作品，是弗雷・奥托在 1955 年为卡塞尔联邦园艺博览会所做的设计，在这个项目中伞是固定的。1971 年，他为科隆联邦园艺博览会做了第一个大型折叠伞（直径为 19m，博多・拉希担任项目负责人）。这个伞最有趣的地方是伞肋系统的形式，在伞折叠起来的时候伞骨可以通过收缩减小长度，伞骨的运动由曲线轨道控制，因此这些伞就可以各自按照人们想要的状态运转，甚至能够相互重叠。科隆的伞状结构以带有 PVC 涂层的聚酯织物作为外膜，至今仍在使用，但很少开合，其开合过程大约需要 2.5 分钟。

1978 年，弗雷・奥托为英国流行乐组合平克・弗洛伊德的美国之行建造了一组 10 个折叠伞（每个直径为 4.5m）。这些伞平常可以放在舞台下面，在需要的时候才会拿出来并打开。

这些建造得非常简单的伞有着异乎寻常的美，并由此启发了很多后续项目的设计，其中包括博多・拉希及其团队为沙特阿拉伯大清真寺所做的一些伞状结构的设计。

图 1 传统日式纸面竹伞

图 2 科隆联邦园艺博览会上伞的移动过程，1972 年

图 3 平克・弗洛伊德伞状结构的肥皂泡模型

4

7

5

6

图 4 科隆联邦园艺博览会上的伞状结构，1971 年

图 5 在 2.5 分钟内完成开合任务

图 6、图 7 平克 · 弗洛伊德伞状结构，1978 年

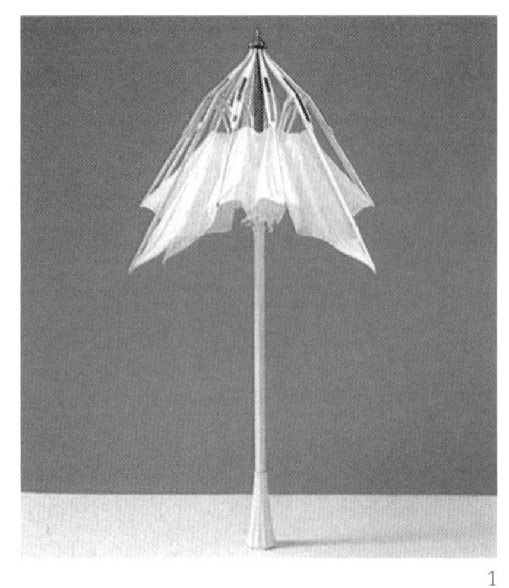

1

麦加大清真寺采用了经过改良的折叠遮阳篷，重量很轻，不会为原有建筑结构增加过多的荷载。根据设计建议，专门研发的方形太阳能伞状结构重约 240kg，相对来说已经是非常轻的了。膜的每边边长为 5m，与建筑的支撑框架相呼应。每个遮阳伞都是漏斗形的双曲线膜结构，其形式来源于对肥皂泡的研究。伞上配有风速检测设备，如果风速超过 12m/s，伞就会自动关闭。由于不必暴露于强风之下，受力相对较小，因而结构可以做到非常轻盈。伞上整合了光伏太阳能发电装置，这意味着每把伞都可以独立开合。仅仅过了 6 个月的时间，就建成了两组共计 12 个伞状结构，并且经过了阿拉伯沿海极端天气条件的测试。

图 1 功能模型，1:5，用于对框架几何形式进行研究

图 2 位于红海沿岸的研究样品，1987 年

2

3

4

图 3 设于红海沿岸的研究原型，打开的过程。伞打开时高度为 5.4m，闭合时为 6.5m

图 4 与伞骨结合的太阳能电池

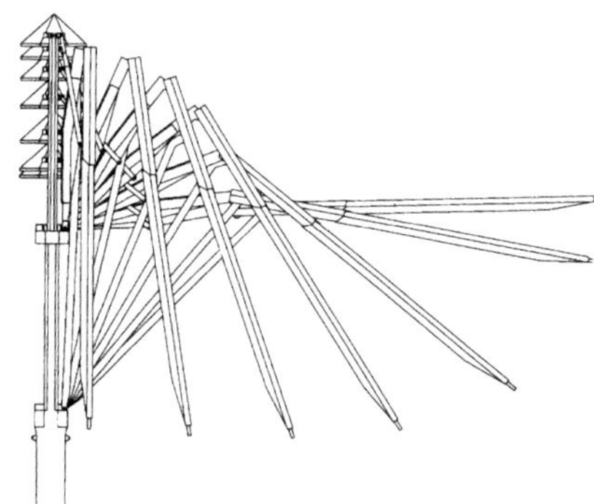

1

2

3

麦地那的神圣先知清真寺，同样使用伞状结构作为折叠屋顶，其边长增至 10m，覆盖面积更为宽阔。伞闭合时伞骨可以折叠，使得伞的整体高度小于 9m，而撑开到最大时跨度可达 12m。

这组伞的另一个特殊之处是其插杆（forked arm），将膜的悬挂点增加了一倍。因此尽管要设置 16 个膜的悬挂点，却只需要 8 根直接附着于中心柱的伞骨。首先制作了一个原型结构，并经过测试。

伞状构架和中心柱均为焊接钢结构，当时最新研发的特氟龙（Teflon）织物第一次被投入使用，用作外膜。

基于上述技术知识背景，博多 · 拉希在 1992 年又完成了另一个伞状结构项目，将此前的种种洞见集中展现在该项目中。

图 1 10m × 10m 的伞的伞骨折叠曲线

图 2 为 6 把伞做的机械模型，比例为 1 : 20

图 3 位于斯图加特附近的样品，1988 年。随后被用于测试

图 4 神圣先知清真寺内院，伞的尺寸为 17m × 18m

4

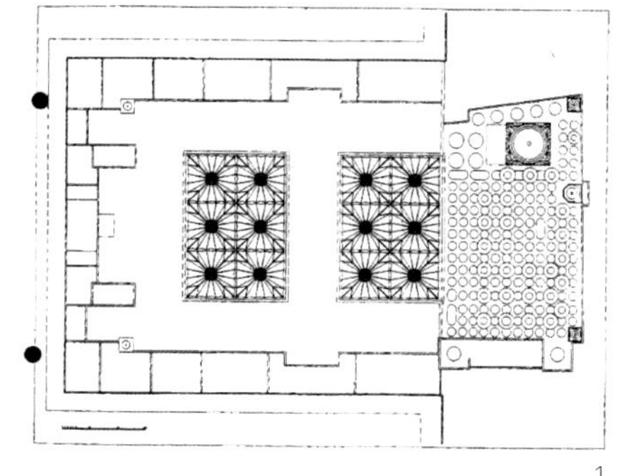

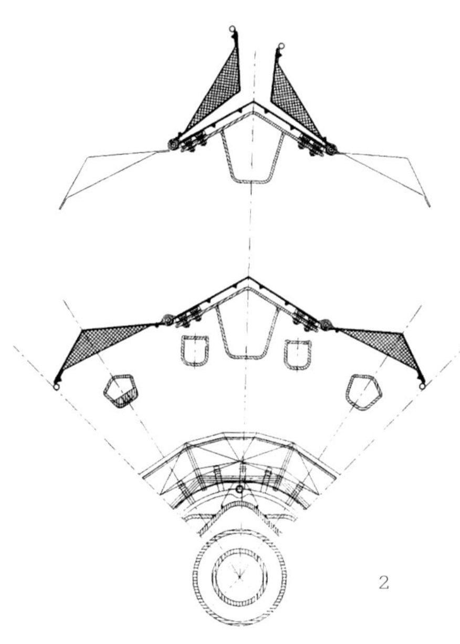

图 1 12 把伞都打开时的屋顶平面，1992 年建成

图 2 对角线伞骨的剖面，带有碳纤维复合材料的开合叶片。

麦地那神圣先知清真寺的两个内院里一共布置了 12 个巨型伞作为折叠屋顶。其尺寸达到了 17m × 18m，打开时的檐口高度为 14m。这个尺寸是由院子的比例决定的。每个院子都设有 6 把漏斗形的伞，在院子周围的柱子和拱券之间形成一个半透明的拱顶，共同围合出开阔而轻盈的空间。

科隆项目的伞状结构不规则地散布于开阔地中，而麦地那内院的伞则遵循着严格的建筑规则，还特别注意做到了只要打开伞，就可以在短短两分钟内将开放的内院变成封闭的大厅——只有把技术和形式进行恰到好处的安排，才能实现都这样叹为观止的景象。

在极端而多变的气候环境下，这些折叠屋顶得到持续而有效的利用，成为影响和改善建筑能源平衡的基本条件。

伞的框架、中柱、伞骨和支撑等部分都采用了密纹钢（close-grained steel）；各个支撑构件的形状由力的具体角度决定。伞骨为可变形式，设于中心柱上的液压圆筒的顶部，可将其上下移动传送到伞的框架上，由此带动伞的开合。液压组件生成足够的油压，推动圆筒移动，地下室集中设置了电动控制系统，可以检查、调节并协调伞的所有运动。电动控制系统中增加了风力控制装置，在风速大于 12m/s 时会把伞收起来。这些伞的跨度达到 24m，是同类结构中最大的，因此在设计过程中，对伞的膜结构张开和闭合时的形状进行了非常细致的研究。在对角线的伞骨上安装着非常轻盈的可移动碳纤维叶片，并通过铰接装置与伞的框架相连。伞闭合的时候，叶片也处于闭合状态，有助于将织物折叠起来，在上层伞骨区域还包有金属薄片，和这些叶片共同支撑膜结构，形成坚固的表层，使其整理有序。这也是第一次在伞状结构中应用该方法。膜采用专门研发的 PTFE（特氟龙）材料，这种材料有很多新性能，在折叠的时候体现得尤其明显，而且是第一次真正运用此类结构展现其材料特性。PTFE 膜可以做到阻挡紫外线，有效对应气候变化，防火，而且能够把表面摩擦降低到最低程度；非常接近折叠结构所需要的理想材料性能。

3

图 3 装上膜以后的伞

1

2

图 1 当伞闭合时，6 个轻质碳纤维叶片和上层伞骨区域附加的金属薄片共同支撑着膜，形成坚固的表层，使其得到有序整理。这也是第一次在伞状结构中应用该方法。

图 2 柱子的细部，将照明和空调系统的冷气送风口结合进来，经过专门设计，确保冷空气能够安静无声地输送到 11m 范围内的空间。这一设计是与负责清真寺扩建工程的建筑师卡马尔 · 伊斯梅尔博士（Dr. Kamal Ismail）共同完成的。

图 3 从上方看 6 顶打开的伞

图 4 伞打开后的内院景象。为朝觐者提供了凉爽的荫蔽

3

4

麦加和麦地那

圣所之作

一家德国建筑事务所的日常工作，是按照极高的艺术和技术标准，设计建造伊斯兰的圣所，这听起来不太可能。所以我需要对这件事做个简要的说明。

“现代”世界是世俗的，而伊斯兰的世界是虔诚的。生活在西方国家的人们对于不是基于晚近科技成就产生的文化知之甚少。基督教欧洲文化变得世俗化不过是很近的事情，在此之前对宗教的滥用导致了长时间的压抑。由此产生的社会变化在伊斯兰文化中无迹可寻。相反，伊斯兰教在没有中心体系的状态下，仍然保存了各个文化阶段的基本真理。

关于这个话题可说的实在太多了。在这里我只能解释一下我为什么离开自己的文化，转而投身这种文化。我的父母是意气风发的现代建筑师和画家，我从很小的时候就开始在我们自己的文化当中寻找意义更为深远的价值。有一段时间我在得克萨斯奥斯丁大学作为访问学者教授建筑，那时我也没有停止寻找。我当时得了一场大病，一个来自麦加的学生想要告诉我黑暗中仍有光明，他给我描述了那些和人类一样古老的神奇的帐篷城市，还有他们的传统。

逐渐从病痛中恢复过来后，我的老师弗雷·奥托找我参加一个竞赛，当时他得到邀请，为朝觐者全部由帐篷组成的城市改善生活条件。我们之所以能够完成这项工作，是因为得到了来自麦加的学生的帮助，这也成了他的毕业设计。虽然竞赛成果很成功，但我们没有得到直接签约的机会。对我而言，这件事的益处是让我对伊斯兰的宗教和文化有了深入的了解。1974 年圣诞节期间，我飞往沙特阿拉伯，在法官（Kadi）面前正式皈依伊斯兰教，随后动身前往麦加，踏上我的第一次朝觐之旅。随后，我旅居希贾兹（Hejaz）七年之久，那是一片位于红海边上呈带状分布的圣城。而最重要的是，我们在吉达（Jeddah）的阿齐兹国王大学（King Abdul Aziz University）建立了“朝觐研究中心”（Hajj Research Centre），以弗雷·奥托轻型结构研究所的模型为依托进行跨学科的学术研究。在这期间，我了解到伊斯兰淳朴生活的价值，也自然而然地被它所吸引。然而现代世俗世界已经对这一曾经和谐的文化造成了冲击，尤其是蜂拥而至的朝觐者所造成的难以形容的混乱。

我们在朝觐研究中心的工作已经取得一定的成果，但显然在这一背景下，科学研究已经越来越不能满足该领域的需求了。

正因为这样，我从积极探索式的研究专为对已有的成果进行分类归纳，1980 年我的初步成果《朝觐的帐篷城市》（*The Tented Cities of the Hajj*）发表于轻型结构研究所的系列刊物 IL 第 29 期上。

出于多种原因，我在 1985 年重返沙特阿拉伯，这一次我接受了一项委托，用新的轻型、可折叠结构改善麦加和麦地那圣所的建筑气候。在该项目中，我率领了一支优秀的建筑师和工程师团队，还得到了工程师贝克尔・本拉登（Bakr Binladin）大胆的支持。最近七年，我们建成了多种折叠屋顶结构，这些伞不仅外观装饰华美，在技术上也极尽精巧，“滑动穹顶”就是其中的代表。在我们看来，麦地那神圣先知清真寺巨大内院里的折叠伞，是第一个真正与伊斯兰建筑文化充分结合的现代结构，这是以前从来没有过的，也是专门为这一神圣空间而设计的，其形式来源于西方文化和东方文化的结合。由此，我们希望能够以设计技术服务于文化。伊斯兰文化已经经历了 14 个世纪的变迁，在本质上是包容而有活力的文化，所有的民族都可以聚集于此，没有种族和民族的分歧，和平相处。在阿拉伯语里，和平是 salam，而在穆斯林和伊斯兰教的语言中，屋顶也是 salam。

1993 年 9 月　博多・拉希

1

朝觐者人数的激增给朝觐活动带来非常复杂的问题。从 1955 年至今，朝觐人数已增长了一倍。按照既定的仪式，朝觐者同时在多个圣地之间迁移，使得麦加朝觐称为世界上规模最大的群众活动。

1974 年举办的一场国际竞赛试图解决这一问题，弗雷・奥托和少数几名建筑师、城市规划师应邀参加了竞赛。博多・拉希对该项目进行了广泛深入的分析，带领奥托的团队将设计的重点放在改善基础设施方面。由于同时出现大量的行人和汽车，造成了严重的污染，方案提议将人车分流。为了节约帐篷城市的空间，他们设计了灵活框架帐篷，随后还搭建了试验样品。该竞赛方案大大促进了对朝觐人数不断增长及相关问题的进一步研究，并由此发展出新的理念改善现状。随后博多・拉希工作室对此进行了非常多的研究和设计，尽管只有一部分得以实施，但其发展可能性仍未可限量。

图 1 朝觐期间的穆纳山谷

图 2 穆纳山谷规划总平面，竞赛方案，1972 年

2

穆纳山谷非常狭窄，很难容纳下全部的朝觐者。为了解决这一问题，弗雷・奥托、博多・拉希与萨米・安噶维（Sami Angawi）研发出一种非常简单但是灵活的框架帐篷，可以安在任何地方，甚至包括陡峭的山坡上。这种帐篷能够在山谷两侧险峻的山坡上安营扎寨，其支撑结构为铝质框架，一般大小为 4m×4m，覆盖传统的棉帆布，无须拉索和钉子,可以放在任何类型的地面上。20 ~ 30 座帐篷组成一个合理的组团，形成具备水箱、洗涤设施和步道等基本设施的小型营地。这些构筑物都可以在朝觐结束后拆除，而不会造成破坏，也不会在环境中留下任何它们曾经存在的痕迹。1981 年，朝觐研究中心协助建造了一批样品，并进行了测试。

1

2

3

4

图 1 朝觐期间的帐篷城市

图 2 ~ 图 4 1981 年，穆纳山谷旁的山坡上建造了一批由弗雷・奥托、博多・拉希、萨米・安噶维设计的框架帐篷样品

出于卫生目的，还准备了设有厕所和仪式清洗设施的集装箱。帐篷城市使用时间很短，没有必要设置蓄水排水系统，因此电力、供水，甚至所有的排水设施都是由无须供应管网的移动系统提供的。公共卫生单元体，需要考虑到可配备各种尺寸和不同的设施配备，来适应各种独特的条件，并在其上覆盖比例接近传统朝觐帐篷的膜，使得这些单元体能够和谐地融入帐篷城市的全景当中。这些集装箱放置在中央院内，可以用拖车送到各个营地。

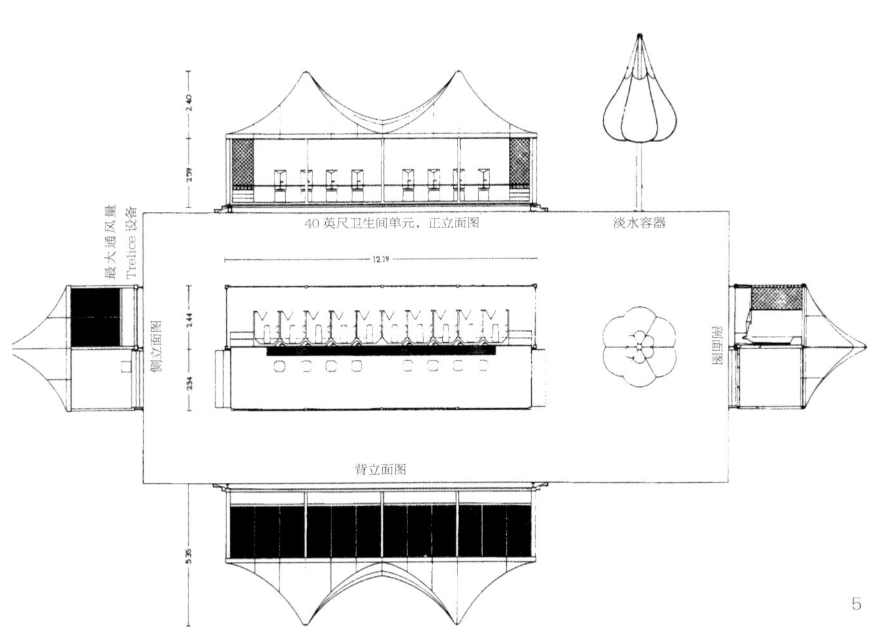

5

6

7

这些集装箱可以在几个小时内组装完毕并投入使用：首先将侧墙打开，支起膜结构屋顶，将管线排布到一起，与装水的容器相连。如果卫生单元无法接入已有电力，还可以用发电机发电。此外，还研制了装有清洁用水的膜结构，用一根桅杆悬挂着防水 PVC 织物，在水压的作用下，会根据其自身的裁切形状而呈现出不同形式。

图 5 公共卫生集装箱的平面、剖面和立面

图 6 图像拼贴，展现了带有膜屋顶的集装箱在帐篷城市中的景象

图 7 水“插座”（receptacle），为各集装箱供应清洁用水

1

2

他们通过一系列广泛的调查研究，确定朝觐期间步行的朝觐队伍产生瓶颈的位置，并加以分析，借助数学模型计算了麦加阿尔·哈拉姆清真寺（Al Haram Mosque，又译麦加禁寺）内院环游区（Mataf area）的承载能力：在朝觐期间每个朝觐者都要绕着天房（Ka'aba）转七圈［所谓“塔瓦夫”（Tawaf），意即“绕行”］，很多朝觐者都会在绕行中去触摸位于天房东南角的黑石（Al Hajar Al Aswad）。因此这里往往挤满了人，谁都动弹不得。建立模拟模型，就可以细致入微地对各种不同结构方法对天房承载力的影响进行判断。由此，他们形成了重要的决策数据，确保即使在前期规划阶段，也能形成平稳的运动流线。

博多·拉希工作室开发出一套通常用于粒子物理学（particle physics）的计算机程序，对此时的朝觐人群进行分析。该程序模拟了每个步行者的移动，这意味着朝觐人群的复杂一定是可以被记录下来的。

这些照片呈现了试验模拟的两个队伍相遇，向一个物体偏移，短暂停留然后走开的过程。

图 1、图 2 主要的基础设施问题都是由朝觐时期人数激增造成的

图 3 ~图 5 计算机模拟步行交通，1994 年

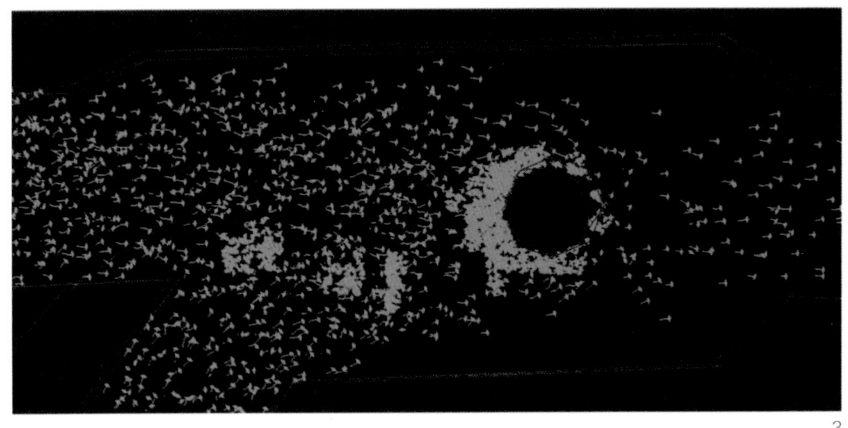
3

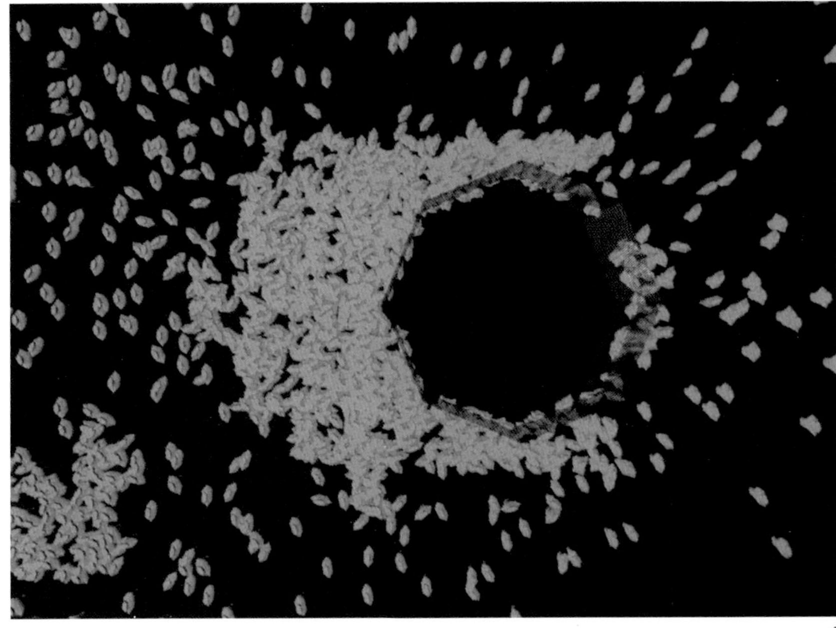
4

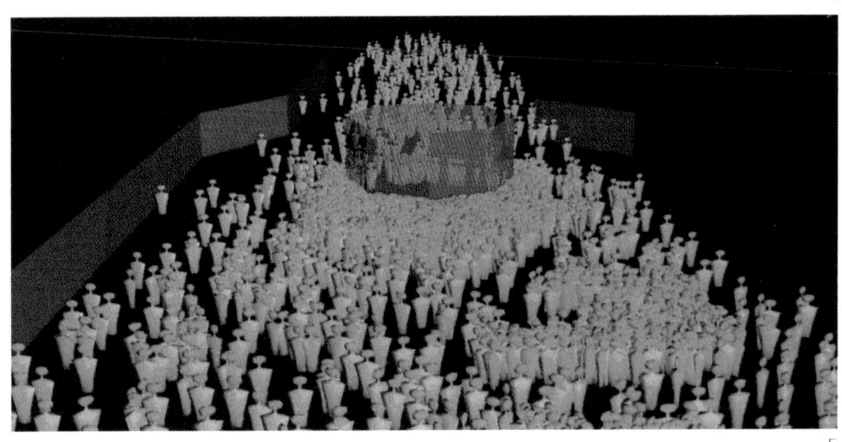
5

1

2

麦地那的神圣先知清真寺里有先知穆罕默德的陵墓，同时还是除了圣地麦加之外，伊斯兰世界第二重要的地方。每年来自世界各地朝圣的队伍都是有增无减。清真寺也不断扩容以接纳所有的朝觐者。新的建筑长 450m，宽 250m，沿 1954 年建造的清真寺的三个边进行了扩建。其中容纳了 27 个 18m × 18m 的内院，使得建筑的很大一部分面积能够实现自然采光和通风。整个清真寺，包括内院的气候环境，都由一座大型空调厂进行控制。内院同样设有折叠屋顶，和前文所述方式相同，辅助空调厂的气候调节工作；同样也是白天闭合，夜间打开。

为适应不同内院的尺寸和性质，设计了两种不同的伞状结构。与陵墓直接相邻的两个大型内院，每个均由 12 个折叠伞遮蔽，体现了伞状结构长期以来不断优化的成果，非常自然地与这一宗教场所相适应。取得这样成功的效果，部分源于自成形过程确定的膜结构形式，部分源于设计将这一高性能建造与传统伊斯兰建筑和装饰元素自然地融合到了一起。膜结构的装饰设计非常克制，同时充分体现了符号特点和结构特性。伞轻缓地开合着，膜的折叠仿佛同时比拟着众多事物：华盖、酒杯、植物、花朵、白布、朝觐者的白衣等等；形式轻盈得体，采光充沛自然。这些结构没有惊扰圣地平和、

图 1 ~图 5 麦地那神圣先知清真寺内院里的折叠伞状结构，直接与原有建筑相接
伞状结构的底部由清真寺的主持建筑师卡马尔 · 伊斯梅尔博士设计

3

4

喜悦的氛围，信众既能够享受到荫蔽，又不会与天空，与场所的象征隔绝。

5

1

2

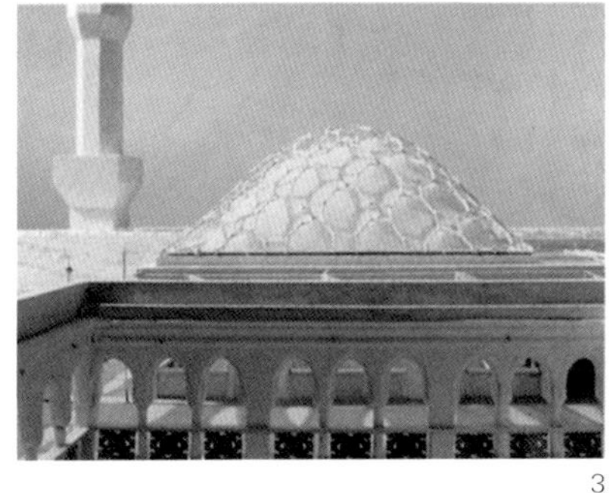

3

清真寺内 27 个 18m × 18m 的小型内院则以"滑动穹顶"遮蔽。滑动屋顶不是轻型结构，而是沿袭了古代摩洛哥人传统的折叠屋顶，同样表达了传统伊斯兰建筑的特点。建筑采用相当现代的材料、制造过程和控制技术，使之在可变性和建筑设计方面都非常适应环境的需要。穹顶由内外两层壳体组成，缀有传统装饰，显示这些具有尖端复杂技术的建筑与清真寺的建筑设计的充分融合。滑动穹顶的设计和建造都采用了最为先进的技术，比如在设计多种经过变形的三维伊斯兰装饰，即所谓的"蜂窝拱"中（见第 152 页）。

滑动穹顶的支撑结构为水平钢梁格网，支撑着穹顶的外环和各条通过经线的梁。在钢框架的底部安装了四个轮子。每个轮子都设有独立的驱动机械，由变频电机控制，使得院子在一分钟内就可以打开或闭合。穹顶的外层为三明治结构，主体为碳纤维或玻璃纤维环氧树脂薄片，外覆六边形瓷砖。只能借助数字控制的机器，才能满足在球面上准确地排布六角形瓷砖这样超高准确性的要求。每片瓷砖都对应一个压刻的凹槽，

4

图 1 麦地那先知清真寺屋顶

图 2 滑动穹顶外景，绿色穹顶为陵墓所在位置

图 3 经过改进的设计，配备有低重心膜结构的网壳

图 4 27 个小庭院遮阳的一些改进设计：采用遮阳篷和大型伞

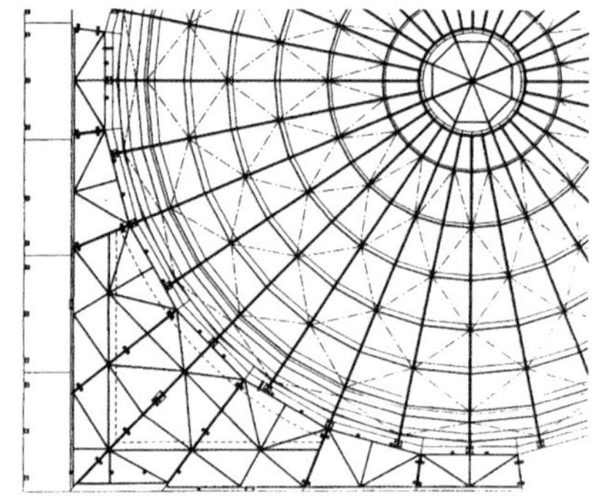

1

2

3

4

5

6

7

将瓷砖放置在其凹槽内，从里到外分层安装。最外层的瓷砖层次分明，光影丰富。内层则为带树脂涂层的木框架，表面以枫木皮装饰。面层为杉木，装饰着在摩洛哥雕刻的繁复纹样。天河石（Amazonite）和金箔的点缀让这些独特的装饰愈加熠熠生辉。

图 1 内层壳体木结构，角部
图 2 将内层壳体各部分安装到位
图 3 滑动穹顶不同的安装阶段
图 4 穹顶内壳外侧
图 5 安装钢结构
图 6 CNC 工厂为外层壳体挂瓦开设凹槽
图 7 安装外层壳体

1

2

3

图 1“滑动穹顶”装饰的替代设计方案

图 2 由杉木、天河石和金箔组成的装饰细部

图 3 正在滑动中的穹顶，侧面照

图 4 清真寺穹顶闭合后的内景

图 5 这张照片展现了穹顶繁复的装饰

4

5

1

由于信众数量过多，麦地那朝圣之旅的规模相当庞大，有些朝觐者甚至在清真寺里找不到地方，只能在神圣清真寺门前的大广场上祈祷。该区域面积可达 200000m²，同样为避免阳光暴晒，需要为祈祷者提供荫蔽。此外广场还需要有良好的照明，让朝觐者无论白天黑夜都能逗留于此。为了满足这些需求，博多·拉希工作室设计了一组 23m×23m 的大型折叠伞状结构。伞内设有照明用灯，当然，内院里的那些伞同样也设置了灯具。广场上的伞的底部同样由清真寺的主持建筑师卡马尔·伊斯梅尔博士设计。

要想把一个这种尺度的广场照亮，是一项非常复杂的规划工作，需要充分结合照明理念进行设计。其目标是让广场上的水平面照度达到 200lux，且尽可能使光照保持均匀，此外还要让灯的位置尽可能接近既定的网格，并尽可能减少照明系统的数量。除了这些要求，还要从特定角度照亮清真寺的立面，光线应该足够亮，而且自下而上逐渐变亮。另外有一点也非常重要，灯具和照明系统都不应该产生眩光。

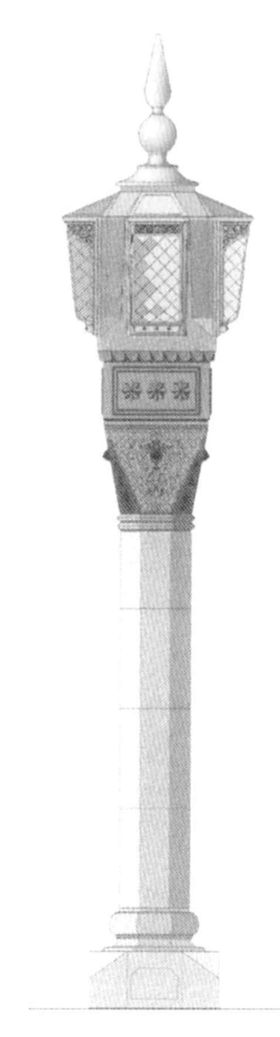

2

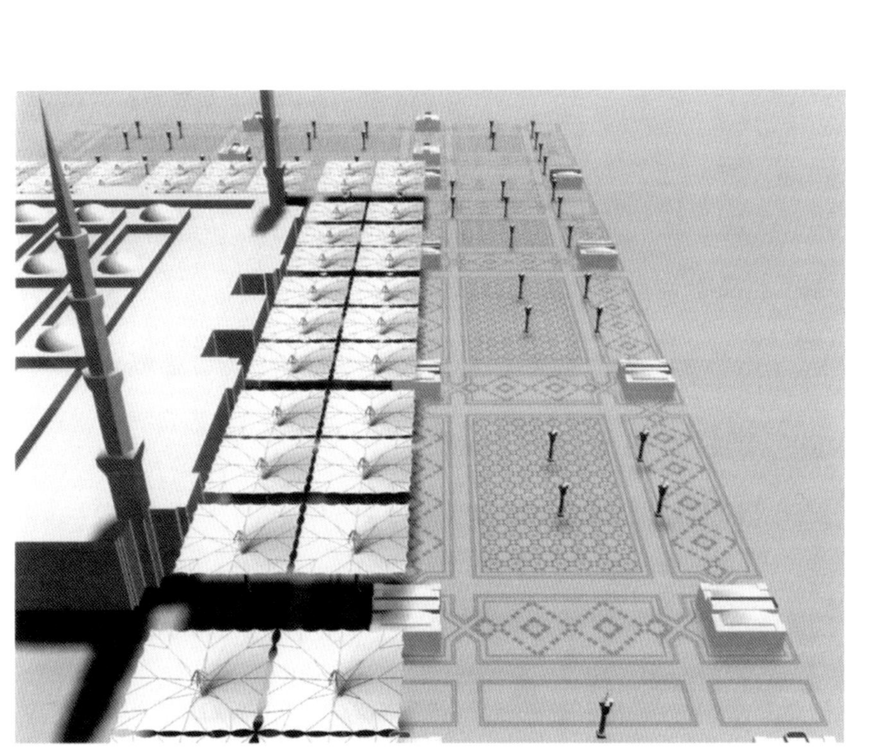

3

广场上的光影，麦地那神圣先知清真寺，1994 年

图 1 清真寺北立面

图 2 广场上的照明柱

图 3 广场西部，设有伞状结构和照明柱（计算机模拟图）

1

2

图 1、图 2 北立面，前为灯柱和打开的伞状结构

图 3 ~图 5 广场灯

图 6 照亮的北立面

由于传统灯的照明效果不尽人意，因此增设了 4 组全新的照明系统，该设计是与因斯布鲁克（Innsbruck）的克里斯汀・巴腾巴赫（Christian Bartenbach）合作完成的：

1. 用灯柱或伞柱中设置的灯为广场照明；

2. 在从入口处通往地下停车场的这组“扶梯建筑”上方设置可折叠的反射器系统，照亮广场；

3.“扶梯建筑”转角处设置装饰性质的低点照明；

4. 照亮立面用的探照灯，同样设于伞的中心柱内。

3

4

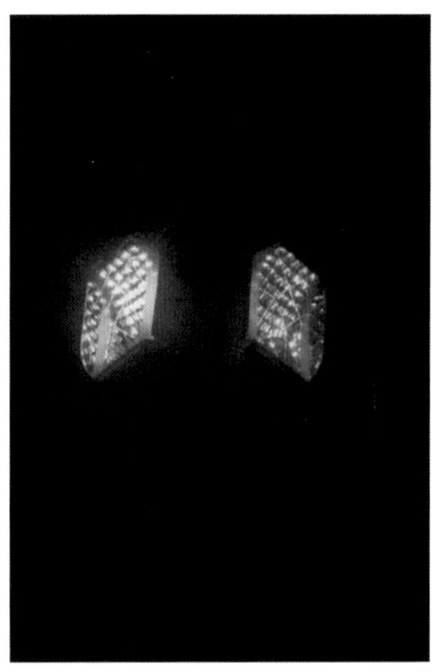

5

6

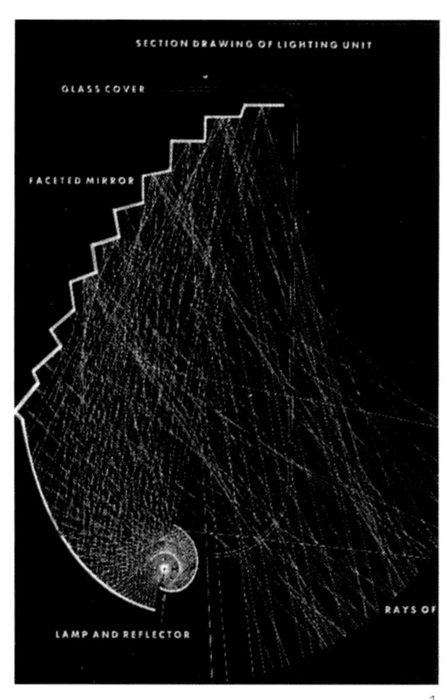

1

2

3

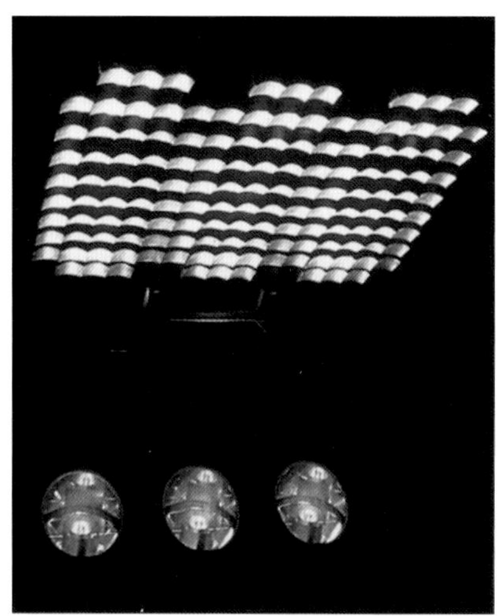
4

图 1 广场灯梁的路径，草图
图 2 广场灯反射器铝基座
图 3 设有铜罩的广场灯
图 4 反射器系统样品

四个系统都用到了最为有效的利用多面镜系统的“点分解”（spot decomposition）法。使用铝制初级反射器将来自点光源的光折射到次级反射器上，使光线分散到若干自由形式表面，然后照亮广场的特定区域。每个表面的自由形式都是经过计算得出的，能够充分照亮广场的所有区域。反过来看，在广场的每个位置都能看到所有的光线来源，充分优化了光线的分布，减少眩光。人眼在这里成为距离分布和多面镜分格大小的评价标准，能够有效确定各个点光源。

柱子内设置“广场灯”的反射器由 50 个分解的镜面组成。首先使用数控铣床制作铝制自由形式，随后将环氧树脂碳纤维复合材料灌注到模具中，在真空环境中加热硬化。对成形的碳纤维薄片喷涂含铝蒸汽，使表面变得坚硬。

为了让清真寺的立面获得显著的立体效果，设计需要加强由底部向上打出的光线强度。为此，在清真寺周边安装了设有照射灯的灯柱。通过对反射器的形状和曲率进行精确设定，获得良好的光线分布效果。灯具周围设置的反向反射器如同为能够看到这一灯具的区域加了个面具。为了满足不同距离和角度的需求，设计了 6 种不同的反射器，均为铝制喷涂面层的碳纤维薄板。

地下停车场通道处没有采用带反射器系统的光源，而是用了另一个带有 138 个面的多面镜的点光源。光源位置的椎体以三种不同的分解补偿方式形成不同的光线发射率。经过巧妙设计，白天这一系统可使用机械折叠，将反射器部分隐藏起来，不为人所知，只在使用时才会打开。

与建筑相连的地下停车场在转角处设置了墙灯，其结构与广场灯相似，但用 7 排锥形面替代了多面镜。其表面由照明技术确定，采用一种经过捶打形成的构造，可以分散光线，把墙龛里的每个浮雕都照亮。

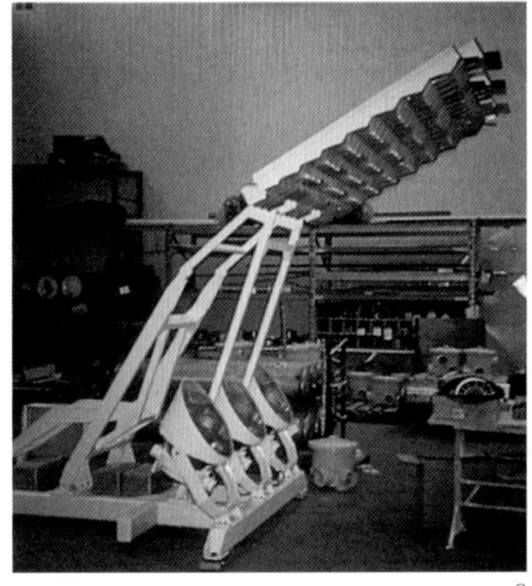

6

7

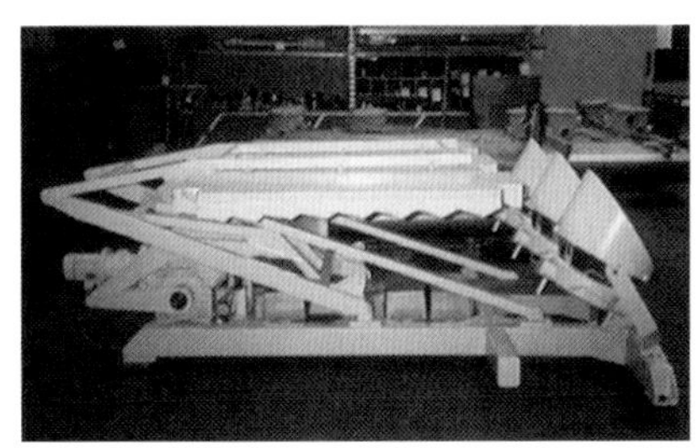

8

5

图 5 与建筑相连的地下停车场设有反射器系统和墙灯，3D 模拟图

图 6 ~ 图 8 将放射器钢框架移动到位

下页：长时间曝光，可以看到朝觐者绕行天房举行仪式，麦加禁寺（此处原文有误，应为 Haram 原文为 Harem——译者注）的内院

年表

弗雷·奥托和博多·拉希在“找形”展览开幕式上，为德意志制造联盟奖颁奖致辞，慕尼黑施图克别墅，1992 年

弗雷·奥托

1925 年 3 月 15 日	生于萨克森州西格马尔（Siegmar，Saxony）
1943 年	通过柏林·策伦多夫（Berlin–Zehlendorf）地区沙多学校的（Schadow–Schule）毕业考试，开始在柏林工业大学（Technische Universität，Berlin）学习建筑
1943 ~ 1945 年	战时服役，在法国沙特尔被俘，关押到 1947 年，帐篷建筑师
1948 年	在柏林学习
1950 ~ 1951 年	访学于赖特、门德尔森（Mendelson）、沙里宁、密斯·凡·德·罗、诺伊特拉（Neutra）、伊姆斯（Eames）等建筑名家。在弗吉尼亚大学学习社会学和城市规划
1952 年	获工程硕士学位（Dipl.Ing），在柏林作为自由建筑师
1954 年	获博士学位（Dr. Ing.），博士论文为《悬挂屋顶》
1958 ~ 1969 年	柏林 Türksteinweg 工作室
1964 ~ 1961 年	斯图加特大学轻型结构研究所，教授，主任
1969 ~ 2015 年	弗雷·奥托工作室，Warmbronn

访问教授

1958 年	圣路易斯华盛顿大学（Washington University St. Louis）
1959 年	乌尔姆设计学院（Hochschule für Gestaltung Ulm）
1960 年	耶鲁大学，纽黑文
1962 年	加州伯克利大学
1962 年	麻省理工学院，坎布里奇
1962 年	哈佛大学，坎布里奇
1971 年	萨尔茨堡暑期学院（Salzburg Summer Academy）

奖项和荣誉

1967 年	柏林城市艺术奖（Kunstpreis der Stadt Berlin）
1967 年	布拉格国际建筑师协会（Union International des Architectes Prague）颁发的奥古斯特·佩雷奖（Auguste Perret Prize）（与古特布罗德共同获得）
1968 年	美国建筑师协会（American Institute of Architects）荣誉会员
1970 年	柏林艺术学院（Akademie der Kunste，Berlin）成员

1973 年	美国圣路易华盛顿大学艺术与建筑博士
1974 年	美国夏洛茨维尔（Charlottesville）弗吉尼亚大学托马斯·杰斐逊奖
1979 年	德国木建筑奖（Deutscher Holzbaupreis）（与穆奇勒共同获得）
1980 年	巴斯大学（University of Bath）荣誉科学博士
1980 年	阿卡汗建筑奖（Aga Khan Award for Architecture）（与古特布罗德共同获得），巴基斯坦拉合尔（Lahore）
1982 年	巴黎建筑学院技术研究勋章（Medaille de la recherche et de la technique of the Academie d'Architecture）
1983 年	那不勒斯考古和艺术人文学会（Accademia di Archeologica Lettere e Arti Naples）会员
1986 年	伦敦结构工程师研究所（Institution of Structural Engineers London）荣誉会员
1987 年	国际建筑学会（International Academy of Architecture）成员
1989 年	索菲亚国际设计奖（Sofia International Design Award），大阪
1990 年	埃森大学（University of Essen）荣誉博士（Dr.–Ing.e.h.）
1992 年	德意志制造联盟奖，在慕尼黑施图克别墅举办展览
1994 年	与理查德·波顿（Richard Burton，AIA）获得可持续社区解决方案奖（Sustainable Community Solutions Award），美国

建筑

1953 ~ 1956 年	柏林亚历山大基金会（Alexandrastiftung）
1955 年	卡塞尔联邦园艺博览会
1957 年	科隆联邦园艺博览会
1957 年	柏林 Interbau
1960 年	柏林 Schönow 幼儿园及教堂（与巴布纳合作）
1962 年	埃森博览会（Essen Deubau）
1963 年	汉堡国际园艺博览会
1965 年	戛纳的折叠屋顶（为 Tailibert 而建）
1967 年	蒙特利尔世界博览会德国馆［与古特布罗德、莱昂哈特（Leonhardt）、肯德尔（Kendel）合作］
1968 年	巴赫斯菲德折叠屋顶
1970 年	文西德尔（Wunsiedel）路易森伯格（Luisenburg）的屋顶［与龙贝格（Romberg）合作］
1971 年	科隆联邦园艺博览会（与拉希合作）

1972 年	慕尼黑奥林匹克场馆屋顶（与贝尼施、莱昂哈特、巴布纳等合作）
1974 年	麦加宾馆及会议中心（与古特布罗德、奥雅纳合作）
1975 年	阿伯丁 BP 庆典帐篷（与奥雅纳合作）
1975 年	曼海姆多功能厅（与穆奇勒、兰纳、奥雅纳合作）
1977 年	平克·弗洛伊德舞台屋顶（与哈波尔德合作）
1980 年	慕尼黑海尔布隆动物园鸟舍（与葛瑞博、哈波尔德合作）
	从 1982 年开始，霍克公园（Hook Park）木结构学校 [与巴布纳、哈波尔德、康斯廷格（Kanstinger）合作]
1985 年	利雅得外交俱乐部 [与奥姆兰尼亚（Omrania）哈波尔德、B·奥托、康斯廷格合作]
1987 年	巴特明德威尔克汉扩建工程 [与格斯特林（Gestering）、康斯廷格合作]
1990 年	柏林生态住宅（ökohouse）（与康斯廷格等合作）

书籍

弗雷·奥托撰写及编著

1954 年	悬挂屋顶，建筑世界出版社（Bauwelt-Verlag）
1962 年	张拉结构，卷一，乌尔施泰因出版社（Verlag Ullstein）
1966 年	张拉结构，卷二
1982 年	自然结构，斯图加特 DVA
1988 年	形式生成，罗多夫·马伦出版社（Verlag Rodof Mullen），4 卷
1990 年	悬挂屋顶，再版，赖纳·格雷费（Rainer Graefe）和克里斯汀·萨德利希（Christian Schädlich），斯图加特 DVA 及孔斯特·德雷斯顿出版社（Verlag der Kunst Dresden）

其他作者为弗雷·奥托所著

康拉德·罗兰（Conrad Roland）：弗雷·奥托——跨度（Frei Otto-Spannweiten），乌尔施泰因出版社（Verlag Ullstein），1965

路德维希·格拉泽（Ludwig Glaser）：弗雷·奥托作品集（The work of Frei Otto），现代艺术博物馆（Museum of Modern Art），1972

贝特霍尔德·布克哈特（Berthold Burkhardt）编：弗雷·奥托——作品及演讲，1951-1983（Frei Otto - schriften und Reden，1951-83），菲韦格出版社（Vieweg-Verlag），1984

卡琳·威尔海姆（Karin Wilhelm）：今日建筑师——弗雷·奥托印象（Architekten heute - portrait Frei Otto），Quadriga 出版社，1985

斯蒂芬·波洛尼（Stefan Polonyi）等：反向之路——祝贺弗雷·奥托 65 岁寿辰（Der umgekehrte Weg–Frei Otto zum 65. Geburtstag），鲁道夫·穆勒出版社（Verlag Rudolf Müller），10 卷，1990

詹姆斯·戈登、埃德蒙·哈波尔德等：弗雷·奥托，Artigere，瓦雷泽出版社，意大利，1991

博多·拉希

1943 年	生于斯图加特，父亲博多·拉希是建筑师，母亲利洛·拉希 – 内格勒（Lilo Rasch–Naegele）是一名画家
1964 ~ 1972 年	在斯图加特大学学习建筑，毕业时获工学学士学位
1967 ~ 1969 年	作为自由建筑师，在斯图加特大学轻型结构研究所（IL）工作
1973 年	得克萨斯大学建筑学院任教，美国得克萨斯州奥斯丁
1974 年	穆纳朝圣居住地城市开发竞赛。与萨米·安格瓦（Sami Angawl）一起担任弗雷·奥托项目团队负责人
1974 年	改宗伊斯兰教
1975 ~ 1979 年	与萨米·安格瓦在沙特阿拉伯吉达阿齐兹国王大学建立朝觐研究中心
1978 ~ 1980 年	在斯图加特大学发表研究朝觐帐篷城市的博士论文
1991 年	建立 SL 特种建造和轻型结构公司（Sonderkon–struktionen und Leichtbau Gmbh）
1994 年	那不勒斯大学客座讲师

奖项

1981 年	斯图加特大学之友奖（Preis der Freunde der Universität Stuttgart）
1992 年	德意志制造联盟奖
1993 年	国际建造自动化与机器人学会最佳创新奖，休斯敦

项目

1966 年	作为自由建筑师，在轻型结构研究所从事国际空间结构大会（IASS Congress）研究

1968 ~ 1969 年　轻型结构研究所新建筑项目负责人，斯图加特 Pfaffenwaldring14 号

1969 年　奥林匹克体育场折叠屋顶模型研究

1970 ~ 1971 年　担任科隆联邦园艺博览会伞状结构（Warmbronn 工作室项目）的项目负责人

1972 ~ 1973 年　在德国、意大利、美国等地与学生进行各种试验项目

1974 ~ 1980 年　在沙特阿拉伯从事研究项目

1981 年　穆纳山脉帐篷项目，与萨米・安格瓦、弗雷・奥托教授合作

1982 年　阿拉伯《古兰经》编辑，英国剑桥 ITS

1982 年　朝觐中使用的公共卫生单元体，对于朝觐帐篷城市的研究

1983 年　“费萨尔清真寺”（Faisal Mosque），位于美国肯塔基州路易斯维尔

1983 年　可移动观众席折叠屋顶

1984 年　沙特阿拉伯麦地那库巴清真寺折叠屋顶，1987 年建成

1985 年　沙特阿拉伯吉达海岸公路上的帆，方案设计

1985 年　“沙特阿拉伯折叠屋顶的气候研究”有限元方法，科学研究

1986 ~ 1988 年　哈拉梅因（Al Haramein）遮阳措施设计

1988 年　滑动穹顶，沙特阿拉伯麦地那神圣先知清真寺，设计并制作了样品

1988 年　“建筑师博多・拉希”展览，斯图加特大学

1988 年　麦地那神圣先知清真寺广场伞状结构（10m × 10m 样品）

1990 年　Tuwal 宫帐篷

1991 ~ 1992 年　麦地那神圣先知清真寺大内院伞状结构（17m × 18m）

1992 年　麦加 Al Harem Al Shareef 木卡姆・易卜拉欣（Maqam Ibrahim）和移动装置，竞赛

1992 年　德意志制造联盟奖，在慕尼黑施图克别墅举办展览

1993 年　伊曼・布里哈教育综合体，乌兹别克斯坦撒马尔罕，国际竞赛一等奖

发表

1970 年　《圆屋》（Tholos）关于塑料实验建筑的影片，斯图加特 Abendschau

1973 年　《气囊》，在代尔夫特建筑设计研讨会所作的报告，1973 年 1 月

1975 年　《朝觐》《红海明珠》（Die Perle des Roten Meeres），每周画报

1978 年　《朝觐中步行者的运动》，彩色影片，50 分钟，英语 / 阿拉伯语，Viscom 及朝觐研究中心制作

1980 年　《朝觐中的帐篷城市》（Zeltstädte des Hajj），IL 出版物，第 29 期，德语 / 英语，带阿拉伯语摘要，第 365 页插图

图片注释

自然结构

所有图片均来自斯图加特大学轻型结构研究所图像档案。资料收集出于研究目的，有些是从书中找来的，遗憾的是其原本的出处已难寻觅。

Page 26
Ill. 1: Terrestrial globe, Zeiss Archive. Photograph: Nasa.
Ill. 2: Star cluster, IL Archive.
Ill. 3: Vortex, IL Archive.

Page 27
Ill. 1: Crystals, IL Archive.
Ill. 2: Basalt, IL Archive.
Ill. 3: Crystal formation, IL Archive, from: 1990 Olympus calendar.
Ill. 4: Clay cracks, IL Archive.

Page 28
Ill. 1: Rounded-off pebbles, IL Archive. Photograph: P. Dombrovskis, Granite Beach, South Coast.
Ill. 2: Travelling dunes, IL Archive, B. Baier.
Ill. 3: Wind erosion, IL Archive, from: "Antarktis".
Ill. 4: Earth towers, IL Archive.
Ill. 5: Erosion, IL Archive.
Ill. 6: Rock arch, Rainbow Bridge, IL Archive.

Page 29
Ill. 7: Rock tower, IL Archive, from: Geo, 6/52.
Ill. 8: Mountain folds, IL Archive.
Ill. 9: Ice arch, IL Archive.
Ill. 10: Cone shapes, IL Archive, from: Time-Life.

Page 30
Ill. 1: Drop, IL Archive, student project, 8/1979.
Ill. 2: Creeks, IL Archive, from: Schwenk, Das sensible Chaos.
Ill. 3: Drop of mercury, IL Archive, K.Bach.
Ill. 4: Lightning, IL Archive, from: Ciba Geigy.
Ill. 5: Clouds, IL Archive.

Page 31
Ill. 1: Viscous masses, IL Archive, student project, 14/1982.
Ill. 2: Moon rock, IL Archive. Photograph: Mineralogisches Institut Tübingen.
Ill. 3: Free-floating bubble, IL Archive, student project, 8/1979.
Ill. 4: Bubble cluster, IL Archive, Th. Braun, 1976.
Ill. 5: Icicles, IL Archive, student project, 8/1979.
Ill. 6: Stalactites and stalagmites, IL Archive, from: Weltwunder der Natur, Reval. caused by water drops and minerals.

Page 32
Ill. 1: Microsphere, IL Archive, K. Bach.
Ill. 2: Cell, IL Archive, A.M. Schmid.
Ill. 4: Currants, IL Archive, K. Bach.
Ill. 5: Cell division, IL Archive, from: Kessel, Biology.

Page 34
Ill. 1: Leaf, IL Archive.
Ill. 2: Grasses, IL Archive.
Ill. 3: Ramification, IL Archive.
Ill. 4: Trees, IL Archive, K. Bach.

Page 35
Ill. 1: Coral, IL Archive, from: L. Riefenstahl, Korallengärten.
Ill. 2: Foetus, 3 months old, IL Archive, from: Nilsson, Unser Körper neu gesehen, Freiburg, 1974.
Ill. 3: Sea urchin shell, IL Archive, K. Bach.
Ill. 4: Tooth formation, IL Archive, from: Nilsson, Unser Körper neu gesehen.

Page 36
Ill. 1: Spider's webs, IL Archive.
Ill. 2: Spider's web, detail, IL Archive. Photograph: E. Kullmann.

Page 37
Ill. 3: Birds' nests, IL Archive, from: K. v. Fritsch, Tiere als Baumeister.
Ill. 4: Termite city, IL Archive, R. Flößer.
Ill. 5: Wasps' nest, IL Archive.

Page 38
Path systems, all illustrations: IL Archive.

Page 39
Ill. 1: Medieval town centre, IL Archive, M. Franca, from: Enrico Guidoni, Die Europäische Stadt, Milan, 1979/80.
Ill. 2: Beach baskets, IL Archive, from: Zeit Magazin, 7/89.
Ill. 3: Settlement, IL Archive, V. Hartkopf.
Ill. 4: Reed hut, IL Archive, from: Institut für Auslandsbeziehungen, Stuttgart.
Ill. 5: Reed hut, IL Archive. Photograph: G. Gerster.

Page 40
Ill. 1: Dry-stone dome, IL Archive, H. Drüsedau.

Ill. 2: Pantheon in Rome, IL Archive.
Ill. 3: Clay domes, IL Archive, from the Institut für Auslandsbeziehungen, Stuttgart.
Ill. 4: Ashlar dome, IL Archive.
Ill. 5: Tower foundation in the fortress at Jericho, IL Archive. Photograph: Sheffield Municipal Museum.
Ill. 6: Tower of Babel, vision of 1567, IL Archive.

Page 41
Ill. 1: Arches in a mosque in Cordoba, Spain, IL Archive. Photograph: K. Bach.
Ill. 2: Suspension bridge, IL Archive, Deutsche Fotothek Dresden, from: O. Büttner, E. Hampe: Bauwerk, Tragwerk, Tragstruktur, Stuttgart 1976.
Ill. 3: Fishing nets, IL Archive.
Ill. 4: Iron bridge, IL Archive, from: N. Cossons/B. Trinder: The iron bridge.
Ill. 5: Suspension bridge, IL Archive, Döring, from: Die Inka, Mondoverlag.

Page 42
Ill. 1:1 Project study for a convertible roof for a multimedia stadium for Farbwerke Hoechst. Design: Frei Otto with B. Burkhardt, M. Eekhout, R. Plate, B. Rasch, 1971. Multiple exposure of the opening process in the model, Frei Otto.
Ill. 2: Roof view of the convertible roof over the swimming pool in Regensburg. Drawing: Frei Otto. Architects: J. Schmatz, A. Schmid, H. Mehr, L. Eckel, Atelier Warmbronn, 1970. Constructed by: Stromeyer + Co., Konstanz and Haushahn, Stuttgart, 1971-1972.
Ill. 3: Fold formation, IL Archive, student project, 18/84.

Page 43
Ill. 4: Delft pneumatic bridge. Photograph: Frei Otto.
Ill. 5: Folds in crumpled foil, IL Archive, student project, 16/1984.
Ill. 6: Hot air balloon, IL Archive, from: IWZ.

Page 44
Ill. 1: Suspended chains, IL Archive, Frei Otto.
Ill. 2: Arch in St. Louis, IL Archive.
Ill. 3: Arch of a chain with links, model study Frei Otto, IL.
Ill. 4: Spoil tipping, IL Archive. Photograph: Frei Otto.
Ill. 5: Cistern shape in sand, IL Archive, student project, 13/1989.

Page 45
Ill. 6: Suspended nets with reflection, IL Archive.
Ill. 7: Soap film for a four-point awning, IL Archive.
Ill. 8: Soap film with rope loop, IL Archive.
Ill. 9: Soap film model for a pointed tent with ridges, IL Archive.
Ill. 10: Dome, IL Archive, K. Bach.

Page 46
Ill. 1: Soap film model for a tent, IL Archive, student project, 10/88.
Ill. 2: Soap film in wind, IL Archive, student project, 21/1978.
Ill. 3: Yacht, IL Archive, E. Haug.
Ill. 4: Three-dimensional net, IL Archive, student project, 26/1985.

Page 48
Ill. 1: Vortex, IL Archive, S. Gaß.
Ill. 2: Funnel in sand, IL Archive, student project, 13/1989.
Ill. 3: Cones and craters, IL Archive.

Page 49
Ill. 4: Surface occupied by spheres, IL Archive, from: Kepes, Struktur in Kunst und Wissenschaft.
Ill. 5: Bubbles, IL Archive, student project, 12/1979.
Ill. 6: Specks of fat , IL Archive, K. Bach.
Ill. 7: Direct path system, IL Archive, student project, 7/1988.
Ill. 8: Minimal path system, IL Archive.
Ill. 9: Thread model, IL Archive, Marek Kolodziejczyk.
Ill. 10: Cracks in concrete, IL Archive.

Page 50
Ill. 1: Cells, IL Archive.
Ill. 2: Soap bubble, IL Archive, student project, 11/1976.
Ill. 3: Electrical discharge, IL Archive, Lichtenberg.
Ill. 4: Branching structure, IL Archive.
Ill. 5: Computer simulation of a branching structure, IL Archive.
Ill. 6: Internal reinforcement of a pneumatic construction, model with plaster cast, IL Archive, student project, 9/1985.

Page 51
Ill. 7: Fibre network of a cell, IL Archive.
Ill. 8: Sea-lion, IL Archive, K. Bach.
Ill. 9: Fibre formation in viscous liquid, IL Archive, student project, 6/89.
Ill. 10: Radiolaria, IL Archive, J. G. Helmcke, Berlin.
Ill. 11: Bubbles, IL Archive, student project, 13/1979.

Page 52
Ill. 1: Detail from a three-dimensional thread model, IL Archive, Marek Kolodziejczyk.
Ill. 2: Threads drawn from a plastic mass, IL Archive, student project, 3/1989.
Ill. 3: Bone interior, IL Archive, K. Bach.
Ill. 4: Folds in a shrunken apple, IL Archive, student project, 12/1984.
Ill. 5: Pollen, IL Archive. Photograph: E.Kullmann.
Ill. 6: Bone structure, IL Archive, K. Bach.

Page 53
Ill. 1: Horizontal drop of mercury, IL Archive, K. Bach.
Ill. 2: Frozen soap bubble, IL Archive.
Ill. 3: Net pneumatic structure, IL Archive, student project, 12/1978.

实验

Page 57
Ill. 1: Stability experiments with a tilting turntable, Frei Otto with Bodo Rasch, 1993. Photograph: Frei Otto.

Page 58
Ill. 1: Apparatus for soap film experiments in the Villa Stuck, Munich, 1992. Photograph: SL Archive, Gabriela Heim, IL.
Ill. 2: Apparatus for producing pneumatic constructions, Villa Stuck, Munich, 1992. Photograph: SL Archive, Gabriela Heim, IL.

Page 59
Ill. 3: Tilting turntables to investigate the stability of masonry buildings, Villa Stuck, Munich, 1992. Photograph: SL Archive, Gabriela Heim, IL.
Ill. 4: Models made of plaster bandages, Frei Otto in Villa Stuck, Munich, 1992. Photograph: SL. Archive: Gabriela Heim, IL.
Ill. 5: Discharge funnel and spoil cone in dry sand, student project at IL, 13/1989.

Page 60
Ill. 1: Soap film in wind. Photograph: IL, 1978.
Ill. 2: Soap film model of a pointed tent, student project at IL, 21/1985. Photograph: IL Archive.

Ill. 3: Soap film machine at the IL with soap film model in parallel light and camera. Photograph: IL Archive, Klaus Bach.

Page 61
Ill. 4: Four-point awning soap film. Photograph: IL Archive, Klaus Bach.
Ill. 5: Soap film model: spiral surface with flat plate, student project at IL, 1/1983.
Ill. 6: Soap film model in a circle with vertical lamella, student project at IL, 3/1885. Photograph: IL Archive.

Page 62
Ill.1, 2: Comparative examination of a pneumatically formed plaster model with a suspended net model, student project at IL, 5/1975.
Ill. 3: Soap film on a dumb-bell plan. Photograph: IL, Frei Otto, 1963.
Ill. 4: Project study for roofing a town in Alberta, Canada. Architects and engineers: Arni Fullerton, Edmonton Canada, Atelier Frei Otto, Warmbronn, Happold Office, Bath, 1981. Photograph: Frei Otto.

Page 63
Ill. 5: Plaster model, Bodo Rasch, Jose Mirafuentes, 1996. Photograph: IL Archive.

Page 64
Ill. 1: Suspended model for the study of gravity suspended roofs, student project at IL, 12/1983.
Ill. 2: Suspended model (with mirror image) of a square-mesh suspended net made up of four triangular segments, student project at IL, 12/1983.
Ill. 3: Suspended model for the construction of a pagoda roof, Atelier Frei Otto, Warmbronn, B. Dreher, 1978.

Page 65
Ill. 4,5 Plaster bandage models. Frei Otto, 1992. Photograph: Atelier Frei Otto, Warmbronn.
Ill. 6: Suspended model to find the shape of groin vaulting, student project at IL, 4/1985.

Page 66
Ill. 1: Discharge funnels and spoil cones in sand, student project at IL, 13/1989. Photographs: IL Archive.

Page 67
Ill. 2-4: Discharge funnels and spoil cones in sand, student project at IL, 9/1989. Photographs: IL Archive.

Ill. 5,6 Funnels and spoil cones in sand. Photographs: Frei Otto.

Page 68
Ill. 1,2,3: Drawings, Frei Otto, 1993.
Ill. 4: Stability experiment on a dome with skylight as part of a competition for extending Imam Bukhari's tomb mosque in Samarkand (see chapter on shells), Atelier Warmbronn, Architekturbüro Bodo Rasch, 1993. Photograph: Ingrid Otto.

Page 69
Ill. 5: Stability experiments on a tall brick structure with a square ground plan, Atelier Warmbronn, Frei Otto with Ingrid Otto, Dietmar Otto, Christine Otto-Kanstinger. Photographs: Ingrid Otto.

Page 70, 71
Ill. 1: Thread model with water lamella and open branching. Photograph: IL Archive, Klaus Bach.
Ill. 2-,7: Thread model built by Marek Kolodziejczyk at IL.

Page 72
Ill. 1: Minimal path system. Model: Frei Otto. Photograph: Frei Otto.
Ill. 2,3: Minimal path systems,student project at IL, 16/1985. Photographs: IL Archive.
Ill. 4: Minimal path system, student project, at IL, 2/85. Photograph: IL Archive.

Page 73
Sketches of model structure for area occupation simulation apparatus, Frei Otto, 1993.

Literature: IL 18 Soap films; IL 25 Experiments; IL 39 Eda Schaur: Ungeplante Siedlungen; Frei Otto: Natürliche Konstruktionen, DVA Stuttgart, 1982.

帐篷结构

Page 75
Ill. 1: 'Membrane forms' study model. Authors: Atelier Frei Otto, Warmbronn, Christine Otto-Kanstinger, Gisela Stromeyer, Mark Heller, 1986.

Page 76
Ill. 1: Kirghiz yurts. Photograph: IL Archive, from: Dar and Naumann, Die Kirgisen im afghanischen Pamir, 1978.

Ill. 2: North American Indian tepee. Photograph: IL Archive.

Page 77
Ill. 3: "Neige et Rocs" pavilion at the Schweizerische Landesausstellung in Lausanne, 1964. Architects: Saugey, Schierle, Geneva, Frei Otto. Ingenieure: Froidveau, Weber, Lausanne. Execution: L. Stromeyer und Co., Konstanz. Photograph: Atelier Warmbronn.
Ill. 4: Pavilion at the Bundesgartenschau in Cologne, 1957. Architects and engineers: Frei Otto with E. Bubner, S. Lohs, D.R. Frank. Execution: L. Stromeyer und Co., Konstanz. Photograph: IL Archive, Atelier Warmbronn.
Ill. 5: Soap film model of a four-point awning. Model: Frei Otto, 1960. Photograph: Atelier Warmbronn.
Ill. 6: Four-point awning as a music pavilion at the 1955 Bundesgartenschau. Architect: Frei Otto. Execution: L. Stromeyer und Co., Konstanz. Photograph: Atelier Warmbronn.

Page 78
Ill. 1: Soap film model of an arch-supported membrane, study at the IL, Klaus Bach, 1986. Photograph: IL Archive.
Ill. 2: Soap-film model of a membrane surface with rope loop, student project at IL, 5/1991. Photograph: IL Archive, Klaus Bach.
Ill. 3: Computer simulation of a membrane surface with rope loop. Comparative study: S. Schanz, IL and Joachim Bahndorf, Institut für angewandte Geodäsie im Bauwesen, University of Stuttgart, 1992. Photograph: IL Archive.

Page 79
Ill. 4: Night photograph of the great wave hall at the International Garden Show in Hamburg, 1963. Architects: Frei Otto with H. Habermann, Ch. Hertling, J. Koch, 1963. Execution: L. Stromeyer und Co., Konstanz. Photograph: Atelier Warmbronn.
Ill. 5: Soap film model of a parallel wave tent, student project at IL, 15/1985. Photograph: IL Archive, Klaus Bach.

Page 80
Ill. 1-3: Entrance arch to the 1957 Bundesgartenschau in Cologne. Architects and engineers: Frei Otto with E. Bubner, S. Lohs, D.R. Frank.

Execution: L. Stromeyer und Co., Konstanz. Photograph: Atelier Frei Otto, Warmbronn.

Page 81

Ill. 4,6 Humped tent at the 1957 Bundesgartenschau in Cologne. Architects and engineers: Frei Otto with E. Bubner. S. Lohs, D.R. Frank. Execution: E. Stromeyer and Co., Konstanz. Photograph: Atelier Frei Otto, Warmbronn.

Ill. 5: Soap film, distorted into a so-called hump by elastic lamellas, student project at IL, 11/1977. Photograph: IL Archive.

Page 82, 83

Ill. 1,4 Dance Fountain in Cologne. Architects and engineers: Frei Otto with E Bubner, S. Lohs, D.R. Frank, 1957. Execution: E. Stromeyer and Co., Konstanz. Photograph: IL Archive, Atelier Frei Otto, Warmbronn.

Ill. 1; Soap film model of the star wave, Cologne Dance Fountain. Photographs: IL, Frei Otto.

Ill. 2,3,5: Star-wave tent over gardens in Thowal, Saudi Arabia. Architects: Bodo Rasch with J. Bradatsch, B. Gawenat, H. Voigt, 1991. Engineers: Mayr+Ludescher, Stuttgart. Execution: Koit High-tex, Rimsting.

Ill. 2: Computer simulation.

Ill. 3: Tulle model. Photographs: SL Archive.

Page 84, 85

Ill. 1: Cross-wave tents at the International Garden Show in Hamburg, 1963. Architects: Frei Otto with H. Habermann, Ch. Hertling, J. Koch, 1963. Execution: E. Stromeyer and Co., Konstanz. Photograph: Atelier Frei Otto, Warmbronn.

Ill. 2: Great wave hall at the International Garden Show in Hamburg, 1963. Architects: Frei Otto with H. Habermann, Ch. Hertling, J. Koch, 1963. Execution: E. Stromeyer and Co., Konstanz. Photograph: Atelier Frei Otto, Warmbronn.

Ill. 3: Reception tent in the beach complex tent in Thowal, Saudi Arabia. Architects: Bodo Rasch with J. Bradatsch, B. Gawenat, H. Voigt, 1991. Engineers: Mayr + Ludescher, Stuttgart. Execution: Koit High-tex, Rimsting. Photographs: SL Archive.

Page 86

Ill. 1-3: Stand covering at the Thowal beach complex sports field. Architects: Bodo Rasch with J. Bradatsch, B. Gawenat, H. Voigt, 1991. Engineers: Mayr + Ludescher, Stuttgart. Execution: Koit High-tex, Rimsting. Photographs: SL Archive.

Page 87

Ill. 3,5: Humped ceremonial tent to Elizabeth II at Dyce near Aberdeen, Scotland, 1975. Architects: Design Research Unit, London, Frei Otto with E. Bubner, Peter Stromeyer und Co., Konstanz. Engineers: Ove Arup and Partners, London. Photographs: Atelier Frei Otto, Warmbronn, IL Archive.

Ill. 4: Design model of a festival tent for Elizabeth II In Sullom Voe, Shetland Islands, for the opening of the new oil refinery. Architects: Frei Otto with H. Doster, J. Fritz, N. Stone, H. Theune. Engineers: Happold Office, Bath,design 1981, not executed. Photograph: Atelier Frei Otto, Warmbronn.

Page 88

Ill. 1-4: Sarabhai tent. Design: Atelier Frei Otto, Warmbronn, 1973, with Ewald Bubner, Matthias Banz, Jean Goedert, Fürst Alf von Lieven, Georgios Papakostas, Geoffrey Wright. Commissioned by: Gautahm and Gira Sarabhai, Sarabhai International, Ahmedabad, India. Manufacturers: Sarabhai and Ballonfabrik Augsburg. Photographs: IL Archive.

Page 89

Ill. 5,6: Study model of a painted tent, designed as a pavilion for the "Golden Eye" exhibition (joint India-USA project with international designers). Cooper-Hewitt Museum, New York. Design: Atelier Frei Otto, Warmbronn, 1985. Painting: Bettina Otto. Photograph: Atelier Frei Otto, Warmbronn.

Ill. 7: Painted round tent, contribution to "Golden Eye". Architects: Frei Otto with J. Bradatsch, 1985. The painting was done in India and based on traditional ornament. Photograph: Atelier Frei Otto, Warmbronn.

Pages 90, 91

Ill. 1-3: Heart Tent at the Diplomatic Club in Riyadh, Saudi Arabia, known as the Tuwaiq Palace. Architects and engineers: OHO Joint Venture (Frei Otto, T. Happold, Omrania), 1985. Execution: 1986-1988. Painting: Bettina Otto. Photographs: 1,3: B. Kaser, SL; 2: Frei Otto.

Pages 92, 93

Ill. 1-3: Diplomatic Club in Riyadh, Saudi Arabia, known as the Tuwaiq Palace. Architects and engineers: OHO Joint Venture (Frei Otto, T. Happold, Omrania), 1985. Execution: 1986-1988. Painting: Bettina Otto. Photographs: Frei Otto.

Literature: IL 16 Tents; IL 18 Soap Films; IL 25 Experiments; Frei Otto: Natürliche Konstruktionen, DVA Stuttgart, 1982. Conrad Roland: Frei Otto - Spannweiten, Verlag Ullstein, 1965. Philip Drew: Frei Otto, Hatje, 1976.

网状结构

Page 95

Illustration: German Pavilion rope net at the 1967 Montreal World Fair. Architects: Rolf Gutbrod, Frei Otto, Hermann Kendel, Hermann Kies, Larry Medlin. Engineers: Leonhardt-Andrä, H. Egger, Stuttgart. Execution planning: roof: IL, Frei Otto, E. Haug, L. Medlin, J. Schilling et. al. Execution: E. Stromeyer and Co., Konstanz. Photograph: IL Archive.

Page 96

Ill. 1,2: "Neige et Rocs" pavilion for the 1963 Schweizerische Landesausstellung in Lausanne. Architects: M. Saugey, Geneva. Engineers: Froidveau + Weber, Lausanne. Constructional advice: Frei Otto with Romberg, Röder, Hertling. Manufacturers: Stromeyer und Co., Konstanz. Photograph: Atelier Frei Otto, Warmbronn.

Page 97

Ill. 3: Finding-form study for the support of textile membranes and rope nets using a rope loop, the so-called eye. This model gave Frei Otto and Rolf Gutbrod the design idea for the German pavilion at Expo 1967 in Montreal. Design and model: Atelier Frei Otto, Berlin with Larry Medlin, 1965. Photograph: Atelier Frei Otto, Warmbronn.

Ill. 4: Rope net for the German Pavilion in Montreal, Stuttgart-Vaihingen, 1966. Architects: Institut für Leichte Flächentragwerke, Frei Otto with E. Haug, L. Medlin, G. Minke et. al. Engineers: Leonhardt und Andrä, Stuttgart. Photograph: Atelier Frei Otto, Warmbronn.

Page 98-100
Ill. Rope net for the German pavilion at the Montreal World Fair, 1967. Architects: Rolf Gutbrod, Frei Otto, Hermann Kendel, Hermann Kies, L. Medlin, J. Schilling, B. Burkhardt et. al. Execution: E. Stromeyer and Co., Konstanz. Photograph: Atelier FreiOtto, Warmbronn.

Page 102, 103
Ill.: Experimental building for the German Pavilion in Montreal, Stuttgart-Vaihingen, 1966. Architects: Institut für Leichte Flächentragwerke, Frei Otto with E. Haug, L. Medlin, G Minke et. al. Engineers: Leonhardt und Andrä, Stuttgart. Photographs: IL Archive, Atelier Frei Otto, Warmbronn.

Pages 104-107
Ill.: Institut für Leichte Flächentragwerke, University of Stuttgart at Vaihingen, built 1967-1969. Architects: Frei Otto with Bodo Rasch, L. Medlin, B. Burkhardt, G. Minke, F. Kugel. Engineers: Leonhardt und Andrä, Stuttgart. Photographs: IL Archive, Atelier Frei Otto, Warmbronn.

Page 108, 109
Ill.: Olympic roofs in Munich, 1972. Architects and engineers: Behnisch und Partner, Frei Otto with IL, E. Bubner, J. Hennicke, B. Burkhardt, F. Kugel, H.J. Schock et. al. Leonhardt und Andrä. Photographs: IL Archive, Atelier Frei Otto, Warmbronn.

Page 110, 111
Ill.: Aviary in the zoo at Munich-Hellabrunn. Architects: Jörg Gribl with Atelier Frei Otto, Warmbronn. Engineers: Happold Office, Bath. Execution: E. Stromeyer and Co., Konstanz. Photographs: 1,4: S. Schanz; 2,3: Frei Otto.

Page 112
Ill.: Sports hall in King Abdul Aziz University, Jeddah, Saudi Arabia. Architects: Frei Otto, Rolf Gutbrod with Henning, Kendel, Riede. Engineers: Happold Office with E. Happold, Bath, design c.1975, completed 1980. Photographs: IL Archive, Atelier Frei Otto, Warmbronn.

Page 113
Ill. 1: Model study for a rope net cooling tower in minimum surface shape. Design and model building: Atelier Frei Otto, Warmbronn, 1974. Photograph: Frei Otto.
Ill. 2: Soap film model of a catenoid, study at the IL. Photograph: IL Archive.
Ill. 3: Model study for a suspension building. Design and model building: Frei Otto. Photograph: Frei Otto.

Literature: IL 8 Nets in Nature and Technology; IL 16 Tents; IL 18 Soap films; IL 25 Experiments; Frei Otto: Natürliche Konstruktionen, DVA Stuttgart, 1982. Conrad Roland: Frei Otto - Spannweiten, Verlag Ullstein, 1965. Philip Drew: Frei Otto, Hatje, 1976.

充气结构

Page 115
Ill. 1: Plaster study model of an air hall, Frei Otto,1 960. Photograph: Frei Otto.

Page 116
Ill. 1: Montgolfier balloons, historical photograph. Photograph: IL Archive.
Ill. 2: Hot air balloons. Photograph: IL Archive.

Page 117
Ill. 3: Air hall over a satellite aerial in Raisting. Design and manufacture: Birdair Structures. Photograph: Frei Otto.
Ill. 4: F.W. Lanchester's Patent, from: Thomas Herzog: Pneumatische Konstruktionen, Hatje, 1976.

Page 118
Ill. 1: Industrial plant with three pneumatically supported domes. Design: Frei Otto, 1958. Photograph: Frei Otto.
Ill. 2: Spherical pneumatic structure as a bulk material store. Design: Frei Otto, 1960. Photograph: Frei Otto.
Ill. 3: Exhibition pavilion for the 1958 Floriade in Rotterdam. Design: Frei Otto, 1958. Photograph: Frei Otto.

Page 119
Ill. 4: Plaster study for an air hall with internal drainage, IL, 1966. Photograph: Frei Otto.
Ill. 5: Tied-in plaster model, student project at IL, 9/1985. Photograph: IL Archive.
Ill. 6: Tied-in soap bubble model, IL. Photograph: IL Archive.

Page 120
Ill. 1: Soap foam, IL study. Photograph: Thomas Braun, IL.
Ill. 2: Soap bubble model, IL. Photograph: Klaus Bach.
Ill. 3: Pentadome exhibition pavilion, 1958. Architects: Birdair Structures. Photograph: IL Archive.

Page 121
Ill. 4: Exhibition pavilion at the 1964 World Fair in New York. Design: Victor Lundy. Manufacture: Birdair Structures. Photograph: IL Archive.
Ill. 5: US pavilion at Expo 1970 in Osaka. Architects: Davis, Brody, de Harak Chermayeff, Geismar. Engineers: Geiger und Berger, New York. Photograph: IL Archive.

Page 122, 123
Ill. 1-3: "City in Antarctica". Architects: Atelier Frei Otto, Warmbronn, Frei Otto and Ewald Bubner with Kenzo Tange and URTEC, Tokyo. Engineers: Ove Arup and Partners, London, 1971. Design not realized. Photographs: Frei Otto.
Ill. 4, 5: Design for roofing a city in Alberta, Canada, 1/1980. Architects and engineers: Arni Fullerton, Edmonton, Canada, Happold Office, Bath, England, Atelier Frei Otto, Warmbronn. Photographs: Frei Otto.

Page 124
1 Low pressure pneumatic structure as a projection wall, 1966. Architects: B.-F. Romberg, Frei Otto. Manufacture: E. Stromeyer and Co., Konstanz. Photograph: Atelier Frei Otto, Warmbronn.

Page 125
Ill.: Project studies Airfish 1,2,3, 1978, 1979, 1988. Designs: Atelier Frei Otto, Warmbronn, Frei Otto with R. Barthel, H. Hoster, J. Fritz, Christine Otto-Kanstinger. Happold Office, Bath, E. Happold with

I. Lidell and Aeronautical College Cranfield Institute of Technology. Photograph: Atelier Frei Otto, Warmbronn.

Page 126

Ill. 1: Free-floating soap bubble, student project at IL, 11/1976. Photograph: IL Archive.

Ill. 2: Drops of mercury. Photograph:Klaus Bach, IL.

Ill. 3. Living cell. Photograph: A.M. Schmid. IL

Page 127

Ill. 4: Series of soap bubbles. Photograph: Th. Braun, IL.

Ill. 5: Radiolaria. Photograph: Johann Gerhard, Helmcke, Berlin.

Ill. 6: Balloon strung with rope net. Photograph: Klaus Bach, IL.

Ill. 7: Soap film with net. Photograph: Hector, IL, 1974.

Literature: IL 9 Pneumatic structures in nature and technology; IL 15 Air hall handbook; IL 18 Soap films; IL 25 Experiments; Frei Otto: Natürliche Konstruktionen, DVA Stuttgart, 1982. Conrad Roland: Frei Otto - Spannweiten, Verlag Ullstein, 1965. Thomas Herzog: Pneumatische Konstruktionen, Hatje, 1976.

悬挂结构

Page 129

Ill.: Suspension model in square-mesh chain netting, Atelier Frei Otto, Warmbronn, Frei Otto with Birgit Dreher, 1978.

Pages 130, 131

Ill. 1: Suspension models to study the shape of Asian roofs, student project at IL, 14/1983. Photographs: ILArchive.

Ill. 2: Suspension models to study the shape of Asian roofs, student project at IL, 14/1983. Photographs: IL Archive.

Ill. 3-7: Hotel and conference centre in Makkah, Saudi Arabia. Architects: Atelier Frei Otto, Warmbronn, Büro Gutbrod, Stuttgart with A. Claar, H. Kendel. Engineers: Ove Arup and Partners, London. Photographs: Atelier Frei Otto, Warmbronn.

Page 132

Ill. 1, 3: Medical academy in Ulm. Architect: Atelier Frei Otto, Berlin, 1965. Design not executed. Photograph: Frei Otto.

Ill. 2,4: Extension structure for the Fachhochschule in Ulm. Architect: Atelier Frei Otto, Berlin, 1965. Architects: Frei Otto, Guther und Partner, Ulm, 1991. Engineers: Happold Office, Bath. Garden designers: Luz und Partner, Stuttgart. Design not executed. Photograph: Atelier Frei Otto, Warmbronn.

Page 133

Ill.: Wilkhahn extension building in Bad Münder. Architects: Atelier Frei Otto, Warmbronn, Frei Otto with Christine Otto-Kanstinger, Planungsgruppe Gestering, Bremen, H. Gestering. Engineers: Stratman, Speich und Hinkes. Execution 1987.

Page 134, 135

Ill. 1,2: Competition design for roofing the stand at the Berlin Olympic Stadium, 1969. Architects: Atelier Frei Otto, Warmbronn, Büro Gutbrod. Engineers: Ove Arup + Partners, London, Happold Office, Bath, Oleiko, Rice, Thornsteinn. Not executed. Photograph: Frei Otto.

Ill. 3,4: Competition design for stand roofing for the Neckar- or Gottlieb-Daimler-Stadion in Stuttgart. Engineers: Ove Arup + Partners, London, Happold Office, Bath, Oleiko, Rice, Thornsteinn. Not executed. Photograph: Frei Otto.

Literature: IL 17 The work of Frei Otto and his team, IL 25 Experiments, Frei otto: Natürliche Konstruktionen, DVA Stuttgart, 1982. Conrad Roland: Frei Otto - Spannweiten, Verlag Ullstein, 1965.

拱、穹、壳

Page 137

Ill. 1: New design for the Hopfenmarkt and the nave of the Nicolaikirche in Hamburg. Architects: Atelier Frei Otto, Warmbronn. Design 1992, not executed. Photograph: Frei Otto.

Page 138

Ill. 1,2: Suspended chains. Model and photograph: Frei Otto.

Page 139

Ill. 3,4: Models to demonstrate the inversion of a catenary to form the pressure line of an arch, student project, 19/86 Photographs: IL Archive.

Ill. 5: Reconstruction of Antoni Gaudi suspension model for the Colonia Güell church. Model built by: IL, I. Graefe, Frei Otto, J. Tomlow, A. Walz. Photograph: IL Archive.

Ill. 6: Chain net suspension models. Studies at the University of California in Berkeley during Frei Otto's visiting professorship, 1962. Photograph: IL Archive.

Ill. 7: Suspension model to find form for groin vaults, student project at IL, 4/1985. Photograph: IL Archive.

Ill. 8: Suspension model to find the form of cross vaults. The photograph has been turned through 180° to show the vault form, student project at IL, 4/1985. Photograph: IL Archive.

Page 140

Ill. 1-5: Lattice shell at DEUBAU in Essen. Architects and engineers: Frei Otto with B.F. Romberg, E. Pietsch, J. Koch, 1962. Photographs: IL Archive, Atelier Frei Otto, Warmbronn.

Page 141

Ill. 6,7: Design model for a metal bar lattice shell as a pavilion in Volkspark Rehberg, Berlin, 1969. Architects: Frei Otto with B. F. Romberg, E. Bubner, 1969. Photographs: IL Archive, Atelier Frei Otto, Warmbronn.

Ill. 8: Study model of the transformation of a suspended net into a lattice shell made of round wooden bars. Model built by: students at Frei Otto's Salzburg Summer Academy master class, 1970. Photograph: IL Archive.

Page 142-144

Ill.: Mannheim lattice shell. Architects: Mutschler and Langner with Frei Otto, 1971. Engineers: Ove Arup and Partners with Happold, Dickson, Ealy et. al. Photographs: IL Archive, Atelier Frei Otto, Warmbronn.

Page 145

Ill. 1: Suspension model, student project at IL, 6/1979. Photograph: IL Archive.

Ill. 2: King's Office (KO), Council of Ministers (COM), Majlis al Shura (MAS), (KOCOMMAS), Riyadh, Saudi Arabia. Architects: Rolf Gutbrod, Frei Otto, Berlin, Stuttgart, 1979. Engineers: Happold Office, Bath, Ove Arup and Partners, London. Hexagonal shell (diameter 70 m) on branched supports, above the inner courtyard with cabinet room and inner garden (COM). Design not executed. Photograph: Frei Otto.

Page 146
Ill.: Design model for the competition for the German pavilion at the Seville World Fair, 1992. Competition 1990 (2nd prize, not built). Architects: Atelier Frei Otto, Warmbronn, Frei Otto, Ingrid Otto, Christine Otto-Kanstinger et. al. Engineers: Happold Office, Bath. Model photographs: Frei Otto.

Page 147
Ill.: New design for the Hopfenmarkt and the nave of the Nicolaikirche in Hamburg. Architects: Atelier Frei Otto, Warmbronn. Design 1992, not executed. Photograph: Frei Otto.

Page 148-151
Competition design for extending Imam Bukhari's tomb mosque with adjacent new university building in Samarkand. Architects: Bodo Rasch with N. Stone, Saleem Bukhari, Kamal Schorachmedow, A. Purohit, Atelier Frei Otto, Warmbronn; Frei Otto, Ingrid Otto, Christine Otto-Kanstinger, 1993.

Page 148
Ill. 1: Competition drawing, Architekturbüro Bodo Rasch, 1993.
Ill. 2: From "Samarkand: a museum in the open", V. Bulatova, G. Shishkina, N. Vasilkin, Tashkent, 1986.

Page 149
Ill. 3: This series of experiments with the tilting turntable shows the behaviour of the dome with skylight under horizontal load, Atelier Frei Otto, Warmbronn; Frei Otto with Ingrid Otto, Christine Otto-Kanstinger, Dietmar Otto. Photographs: Atelier Frei Otto, Warmbronn.
Page 150
Ill. 1: Section and ground plan of the dome. Drawing: Architecturbüro Bodo Rasch.
Ill. 2: Model of the dome form with skylight, Atelier Frei Otto, Warmbronn.
Ill. 3: Drawing: Frei Otto.

Page 151
Ill. 4-6: Design drawings: Architecturbüro Bodo Rasch.

Page 152, 153
Ill. 1: Muqarnas above the entrance to the Sheikh Lutfallah mosque, 1602-1618. Photograph: SL Archive, from: Henri Stierlin: Isfahan, Atlantis, 1976.
Ill. 2-7: Designs for muqarnas, preliminary designs for the "Sliding Domes" project, see pp. 210-215. Architects: Bodo Rasch with R. Bühler, B. Gawenat, 1990.
Ill. 2: Isometric drawings and photographs: SL Archive.

Page 154, 155
Ill.: Historical examination of the architecture of the Pantheon in Rome. Institut für Leichte Flächentragwerke, from: "Zur Geschichte des Konstruierens", edited by Rainer Graefe, DVA Stuttgart, 1989. Photographs: IL Archive.

Page 156, 157
Ill.: Reconstruction of Gaudi's suspension model for the "Colonia Güell" church, Institut für Leichte Flächentragwerke, R. Graefe, J. Tomlow, A. Walz, Frei Otto, IL, from: IL 34, Jos Tomlow, "Das Modell".

Literature: IL 10 Lattice domes, IL 13 Mannheim multi-hall, IL 25 Experiments, IL 34 Gaudi, the model. Frei Otto: Natürliche Konstruktionen, DVA Stuttgart, 1982. Conrad Roland: Frei Otto - Spannweiten, Verlag Ullstein, 1965. Philip Drew: Frei Otto, Hatje, 1976. "Zur Geschichte des Konstruierens", ed. Rainer Graefe, DVA Stuttgart, 1989.

枝形结构

Page 159
Ill. 1: Branched construction as track for the magnet express train. Architects and engineers: Atelier Frei Otto, Warmbronn and Happold Office, Bath: Frei Otto, Christine Otto-Kanstinger, Ingrid Otto, Dietmar Otto, Edmund Happold, Michael Dickson, Rüdiger Lutz, 1991/92, not executed. Photograph: Atelier Frei Otto, Warmbronn.

Page 160-162
Sketches by Frei Otto, 1992.

Page 163
Ill. 1: Preliminary design for an exhibition hall, model. Frei Otto's students during a seminar at Yale University, 1960. Photograph: Atelier Frei Otto, Warmbronn.
Ill. 2: Branched rod construction, student project at IL, 12/79. Photograph: IL Archive.

Page 164
Ill. 1: Model of a branched support structure, student project at IL, 1984. Photograph: Atelier Frei Otto, Warmbronn.
Ill. 2: Study model using rubber bands to establish minimalized detours, Frei Otto, 1983.
Ill. 3: Pneumatically tensioned branch structure, sculpture by Frei Otto.

Page 165
Ill. 4: Branched construction as support for a hexagonal lattice shell in the KOCOMMAS project, Riyadh, Saudi Arabia. Architects: Rolf Gutbrod, Frei Otto, Berlin, Stuttgart, 1980. Engineers: Happold Office, Bath, Ove Arup and Partners, London. The building was not completed.
Ill. 5: Drawing by Frei Otto, 1980.
Ill: 6 This model made of steel springs was built in Atelier Frei Otto, Warmbronn in 1983 to study bracing forces in tension-loaded constructions.

Page 166, 167
Ill: Designs for a new track for the German magnet train system. Architects and engineers: Atelier Frei Otto, Warmbronn and Happold Office, Bath: Frei Otto, Christine Otto-Kanstinger, Ingrid Otto, Dietmar Otto, Edmund Happold, Michael Dickson, Rüdiger Lutz, 1991/92, not executed. Photograph: Atelier Frei Otto, Warmbronn.

Literature: Frei Otto: Natürliche Konstruktionen, DVA Stuttgart, 1982.

能源和环境技术

Page 169
Ill.: Model for the moving cover for harmful waste dumps, design 1994.

Architects: Frei Otto with Ingrid Otto, Christine Otto-Kanstinger, Bodo Rasch with B. Gawenat, S. Greiner. Engineers: E. Happold, Bath. Photograph: Atelier Frei Otto, Warmbronn.

Page 170, 171
Drawings and photographs from IL 11 Light structures and energy technology.
Ill. 2: Model study under-water rainwater reservoir, Frei Otto, 1967.
Ill. 3: Cable-net supported membrane dams. Design drawing: Frei Otto, 1962

Page 172
Drawings and Photographs from IL 11 Light structures and energy technology.
Ill. 2,3: Model studies for the minimal surface cooling tower, IL, Frei Otto (see chapter on net constructions).

Page 173
Ill. 5: Bic-l diagram, 1985 version. The most recent version is to be found in IL 14 Das Prinzip Leichtbau.
Ill. 6: Project for a water tower. Model study: Frei Otto, 1962. Photograph: Frei Otto.
Ill. 7: Suspended flexible containers for liquids and bulk materials. Model study: Frei Otto, 1962. Photograph: Frei Otto.

Page 174, 175
Moving cover for harmful waste dumps, design 1994: Frei Otto with Ingrid Otto, Christine Otto-Kanstinger, Bodo Rasch with B. Gawenat, S. Greiner. Engineers: E. Happold, Bath. Photographs and drawings: Atelier Frei Otto, Warmbronn.

Page 176
Ill. 1: Sunshade machine with model of the umbrellas (ill. 2) for a hexagonal lattice shell for the Kocommas project, which was planned but not executed. (See chapter on shells, p. 141).
Ill. 3,4: Shade in the desert, 1972. Architects: Atelier Frei Otto, Warmbronn, Frei Otto and Ewald Bubner with A. Bienhans, D. Hadjidimos, A. v. Lieven. R. Gutbrod with H. Kendel. Engineers: Ove Arup and Partners, London, P. Rice.

Page 177
Ill. 6,7: Convertible umbrellas, 5m x 5m, for the roof of the Haram Mosque in Makkah, Saudi Arabia. Architects: Bodo Rasch with J. Bradatsch, R. Holzapfel, 1987. Engineers: Mayr + Ludescher, Stuttgart. Client: Saudi Binladin Group, Jeddah. Two groups of prototypes have so far been built. (See chapter 0 umbrellas, pp. 188. 189). Photographs: SL Archive.

Page 178, 179
Studies for climate regulation with convertible roofs.
Ill. 1: 1 Study as part of a design for a toldo as a shade in the inner courtyard of the King Saud Mosque in Jeddah. Bodo Rasch with J. Bradatsch, 1988. Climate research: W. Haaf (see p. 183). Drawings: SL Archive.
Ill. 2,3: Illustration to clarify climate regulation with a toldo in the inner courtyard of the Quba Mosque in Saudi Arabia. Design: Bodo Rasch with J. Bradatsch, 1988. Toldo construction: J. Schilling. Climate research: W. Haaf. Drawings and photographs: SL Archive.

Page 179
Study of climate regulation by convertible umbrellas in the inner courtyards of the Mosque of the Prophet in Madinah, Saudi Arabia. The shades, convertible umbrellas and Sliding Domes are described in more detail in the chapters on Makkah and Madinah (pp. 191-194, 206-213). Climate research: Architekturbüro Bodo Rasch, Ossama Bassiony, W. Haaf. Drawings and photographs: SL Archive.

Literature: IL 11 Lightweight and Energy Technics, Frei Otto: Natürliche Konstruktionen, DVA Stuttgart, 1982.

折叠结构

Page 181
Ill.: Project study for a convertible roof over a multimedia stadium for Farbwerke Hoechst. Design: Frei Otto with B. Burkhardt, M. Eckhout, R. Plate, Bodo Rasch 1971. Multiple exposure of the opening and closing process: Frei Otto.

Page 182
Ill. 1, : Student project at IL, 8/1984. Photograph: IL Archive.

Page 183
Ill. : Traditional toldos providing shade in the streets of Cordoba, Spain. Photograph: IL Archive, SL Archive.
Ill. 4: Toldos in the inner courtyard of the Uthman Katkhuda mosque, Cairo. Photograph: IL Archive.
Ill. 5: Convertible structure over the casino of the Masque de Fer open-air theatre in Cannes. Architects: Frei Otto with B. F. Romberg, A. Edzard, R. Taillibert, 1965. Engineers: S. du Chateau, Paris. Execution: Queffelec, Paris, L. Stromeyer + Co. GmbH. Photograph: Atelier Frei Otto, Warmbronn.

Page 184
Ill. 1,2: Convertible roof for the open-air theatre in the Stiftskirche, Bad Hersfeld. Architects: Frei Otto, E. Bubner, U. Röder, 1968. Engineers Leonhardt + Andrä. Execution: Felten und Guilleaume, Carlswerk AG, Cologne, C. Haushahn, Stuttgart, Steffens und Nölle GmbH, Berlin, L. Stromeyer + Co. GmbH, Konstanz. Photograph: IL Archive, Atelier Frei Otto, Warmbronn.

Page 185
Ill. 3-5: Convertible roof for the open-air theatre in Wiltz, Luxemburg. Architects: Bodo Rasch with J. Bradatsch, 1988. Execution: KOIT High-Tex, Rimsting. Photograph: SL Archive.

Page 186
Ill. 1: Extension curve and model of the "Cabrio" folding stan cover. Architects: Bodo Rasch with A. Walz, B. Gawenat. Execution: Götz GmbH, Stuttgart. Photograph: SL Archive.
Ill. 2: Project study for a convertible roof for a multi-media stadium for Farbwerke Hoechst. Design: Frei Otto with B. Burkhardt, M. Eckhout, R. Plate, Bodo, Rasch 1971. Multiple exposure of the opening and closing process: Frei Otto.

Page 187
Ill. 3: Climate regulation study with convertible roof shades. Part of a toldo design for the King Saud Mosque in Jeddah. Architects: Bodo Rasch with J. Bradatsch, 1988. Climate testing: W. Haaf. Drawings: SL Archive.
Ill. 4,5: Toldo for the inner courtyard of the Quba Mosque, Saudi Arabia. Design: Bodo Rasch with J. Bradatsch, 1987. Execution: J. Schilling.

Literature: IL 5 Convertible Roofs, IL 7 Shadow in the dessert, IL 29 The Tent City of the hajj, IL 30 sun and shade .

伞

Page 189
Ill.: Convertible umbrellas in the inner courtyard of the Mosque of the Prophet in Madinah, Saudi Arabia. Architects: Dr. Kamal Ismail, Bodo Rasch with J. Bradatsch, R. Kollmar, 1991. Engineers: Happold Office, Bath. Client: Kingdom of Saudi Arabia, represented by the Saudi Binladin Group, Jeddah. Execution: SL GmbH. Photograph: SL Archive.

Page 190, 191
Ill. 1: Japanese umbrella. Photograph: SL Archive.
Ill. 2,4,5: Convertible umbrellas at the Bundesgartenschau in Cologne, 1971. Architects and engineers: Frei Otto with Bodo Rasch, A. Linhart, H. Isler. Execution: Schenker, Stromeyer+Co., Konstanz. Photographs: Atelier Frei Otto, Warmbronn.
Ill. 3,6,7: Umbrellas for Pink Floyd. Architects and engineers: Atelier Frei Otto, Warmbronn, Frei Otto with N. Goldsmith, G. Wright, H. Doster, Happold Office, Bath, 1978.

Page 192, 193
Ill. 1-4: Convertible umbrellas, 5m x 5m for the roof of the Haram Mosque in Makkah, Saudi Arabia. Architects: Bodo Rasch with J. Bradatsch, R. Holzapfel, 1987. Engineers: Mayr + Ludescher, Stuttgart. Client: Saudi Binladin Group, Jeddah. Two prototype groups have been executed to date. Photographs: SL Archive.

Page 194
Ill. 1-3: Convertible umbrella, 10m x 10m. Architects: Bodo Rasch with J. Bradatsch, R. Holzapfel, A. Walz, B. Gawenat, 1987. Engineers: Happold Office, Bath. Client: Saudi Binladin Group, Jeddah. Execution: SL GmbH. Photographs: SL Archive.

Page 195-199
Ill.: Convertible umbrellas in the inner courtyard of the Mosque of the Prophet in Madinah, Saudi Arabia. Architects: Dr. Kamal Ismail, Bodo Rasch with J. Bradatsch, R. Kollmar, 1991. Engineers: Happold Office, Bath. Client: Kingdom of Saudi Arabia, represented by Saudi Binladin Group, Jeddah. Execution: SL GmbH . Photograph and drawings: SL Archive, Saudi Binladin Group.

Literature: IL 16 Tents; IL 5 Convertible roofs, exhibition catalogue "Schirme", Rheinlandverlag, 1992.

麦加与麦地那

Work for the holy places

Page 201
Ill.: Night photograph of the Mosque of the Prophet in Madinah, Saudi Arabia. Photograph: Saudi Binladin Group, 1993.

Page 204
Ill. 1: Muna valley during the hajj. Photograph: SL Archive, from: IL 29 Zeltstädte, dissertation by Bodo Rasch, 1980.

Page 205
Ill. 2: Frei Otto's master-plan for Muna, competition entry, 1974. Architects: Frei Otto with S. Angawi, Bodo Rasch. Drawing from: IL 29 Zeltstädte, dissertation by Bodo Rasch, 1980.

Page 206
Ill. 1: View of a tented city during the hajj. Photograph: SL Archive, from: Zeltstädte, dissertation by Bodo Rasch, 1980.
Ill. 2,3,4: Prototypes of the frame tent on the mountain slopes near Muna. Architects: Frei Otto, Bodo Rasch, S. Angawi, 1981. Prototypes executed by: Hajj Research Centre. Photographs: SL Archive.

Page 207
Ill. 5,6, : Sanitary facilities for the tented cities. Design: Bodo Rasch with R. Holzapfel, A. Walz, 1982, not executed.
Ill. 5: Fresh water container, pneumatic construction. Photographs: SL Archive. Literature: IL 29 Zeltstädte, dissertation by Bodo Rasch, 1980.

Page 208
Ill. 2,3: Pilgrims during the hajj. Photograph: SL Archive, from: IL 29 Zeltstädte, dissertation by Bodo Rasch, 1980.

Page 209
Ill. 2,3,4: Computer simulation of the streams of pedestrians, Bodo Rasch with B. Gawenat, S. Al-Zoubi , Arscimed, Paris and Engineering Systems International, Paris.

Page 210, 211
Ill.: Convertible umbrellas in the inner courtyard of the Mosque of the Prophet in Madinah, Saudi Arabia. Architects: Dr. Kamal Ismail, Bodo Rasch with J. Bradatsch, R. Kollmar, 1991. Engineers: Happold Office, Bath. Client: Kingdom of Saudi Arabia, represented by Saudi Binladin Group, Jeddah. Execution: SL GmbH. Photographs: SL Archive, Saudi Binladin Group, Jeddah.

Page 212-217
Ill: Sliding Domes over the inner courtyards of the Mosque of the Prophet in Madinah, Saudi Arabia. Architects: Dr. Kamal Ismail, Bodo Rasch ,R. Bühler, N. Stone, 1991. Engineers: Mayr + Ludescher, Stuttgart. Client: Kingdom of Saudi Arabia, represented by Saudi Binladin Group, Jeddah. Execution: SL GmbH, Saudi Binladin Group, Jeddah.

Page 218-223
Ill.: Lighting for the great piazza surrounding the Mosque of the Prophet in Madinah, Saudi Arabia. Architects and Engineers: Dr. Kamal Ismail, Bodo Rasch, J. Bradatsch, W. Kestel, B. Ditchburn. Lighting technology: C. Bartenbach, Innsbruck.Large convertible umbrellas (23m x 23m) in the piazza surrounding the Mosque of the Prophet in Madinah. Architects and engineers: Dr. Kamal Ismail, Bodo Rasch, J. Bradatsch, R. Kollmar, H. Voigt, S. Greiner, W. Haase, F. Wondratschek.

Page 224,225
Time exposure to examine the movement of pilgrims during the ritual circling of the Kaaba in the courtyard of the Al Haram Mosque in Makkah. Study: Bodo Rasch with B. Gawenat. Photograph: SL Archive.

Literature: Il 29 The Tent City of the hajj.